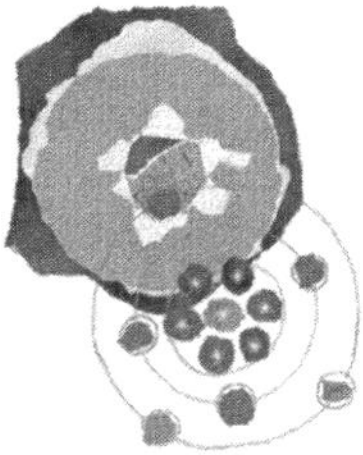

核兵器のしくみ

山田克哉

講談社現代新書

目次

序章

原爆も原発も基本原理は同じだ

全世界の人達が知るべきこと

原子力発電と原子爆弾はどちらも共に「核分裂連鎖反応」という同じ物理現象を基にしてなりたっている。もともと原子力発電は「原子力の平和利用」の一環として開発されてきたものだが、原子爆弾は周知のごとく「無差別大量殺戮兵器」である。しかしその基本原理においては、両者は区別がつかない。さらに原子力発電所はその運転中にプルトニウムという物質を生成する。プルトニウムも、これまた原子爆弾および原子力発電の動力源の材料となる。言い換えると原子力発電所から原子爆弾の材料を生産できるということになる。原子力発電所を持っている国は、核兵器を作る潜在能力もあるということである。この事実を考えると、この世から核兵器が消え去ることなど夢のまた夢のようだ。

戦後から今日にいたるまで、人類は核兵器から解放された時期など一日もなかったし、世界はいつも「核の問題」に引きずり回されている。二〇世紀に開発された大量破壊兵器の最たるものである核兵器が、二一世紀まで持ち越され、問題はますます深刻化していくばかりだ。

一方、今さら言うまでもないが、エネルギー資源に乏しい日本の電力需要は、年々増加の一途をたどっている。水力発電は発電コストが高い。また石油や石炭を燃やして発電する火力発電は公害をもたらす。この現実を考えると、ただ「原子力発電反対」を唱えているだけで問題の根本的解決になるとも思えない。一般市民も単に「反対」と言う前に、原子力発電とは一体どういうものなのかを知る権利があるし、また知るべきだと思う。原子力発電のマイナス面はたしかにある。それは過去の原発事故を見ても明らかだ。しかし、プラスの面もあることを知ってほしい。

昔ある医学者から次のような話を聞いたことがある。いくつかの島が点々としていて各島には何匹かの猿が棲《す》んでいる。島には芋が豊富にある。島と島は、猿がお互いに見えずまた声も聞こえないほどに離れている。したがって島と島との間のコミュニケーションはまったく不可能である。ある日一つの島に棲んでいる一匹の猿が、芋を洗って食べるとおいしいことに気がついた。当然その島の他の猿も芋を洗って食べるようになった。ほどなくして他の島の猿達も、お互いの情報伝達手段はまったくないにもかかわらず芋を洗って食べるようになり、この「芋洗い」は連鎖反応的に次々と他の島々に現れた。結局お互いの情報伝達なしに「芋洗い」のアイデアは全島に行き渡ってしまったのである。

猿の世界と違って人間世界では当然もっと情報が伝わりやすくなっている。Ａ国が秘密裏に史上初めて核兵器を開発したとすると、Ｂ国も、その事実を知っただけで、あまり時間を置かずして核兵器の実験効果などを知り、同じような核兵器を開発してしまう。スパイ行動から情報を手に入れても、完全なマニュアルは手に入りにくい。B国はA国から「核兵器の作り方」を教わったわけではない。しかしいったんA国が核兵器を開発したというニュースが入ると、B国もいつのまにか核実験をしている。同じようにしてC国、D国、E国……と、誰も作り方を教えていないのに核兵器は連鎖反応的に色々な国に浸透していく。相手が作ったという情報が入ると「よし俺もだ」という具合になる。このようにして「核兵器の作り方」のマニュアルはいつのまにか公開同然の状態になってしまった。現在では原爆の作り方の基本理論は大学生でも知っている。この本を読んだ読者もその概略を知るようになる。秘密や機密はそんなに長い間隠し通せるものではなく、いずれは感づかれてしまうものだ。

現在の核兵器の元となった原子爆弾は第二次世界大戦中に生まれた。すでに六〇年近くも経過しているというのに、いまだに人類は核兵器の保有を断念しようとしていない。核兵器の保有国が非保有国に対して、核兵器を保有してはならないなどと理不尽なことを言っている。現在、〝公認〟されている核兵器保有国はアメリカ、イギリス、ロシア、フランス、中国の五ヵ国だけである。公認と言ったって、誰がどんな資格で公認したと言うのだろう。

昭和一五年（一九四〇）一〇月一九日生まれの筆者は、戦後の食糧難時代に少年期を過ごした。小学校高学年から高校・大学時代にかけて、アメリカ、ソビエト連邦（現ロシア）、イギリス、フランス、中国が相次いで原子爆弾および水素爆弾の実験をし、報道されたのが、今でも鮮明な記憶として残っている。

その頃からいわゆる「死の灰」が問題にされるようになった。核爆発によって放射能を有する物質が空気中にばらまかれ、これが死の灰となる。

結局アメリカを含むこれらの国が「核兵器先進国」となったのである。そこでこれら〝先進国〟はこれ以上他の国に原爆を所有されては困るということから、〝先進国〟以外の国は〝非保有国〟とし、核兵器を所有することを禁じた。

核兵器製造となると、期待通りの成果が出るのかどうかを確かめるために実験をする。空中爆破の実験は、空中に「死の灰」をもたらす。空気は移動するから、死の灰は広範囲におよぶ。そのために核実験停止条約などというものが発足したが、これは実験全面停止ではない。停止を呼びかけたのは空中爆破の実験だけで、「地下実験」は禁じてはいない。

核兵器をこの地球からなくしてしまうには、まずこれら先進五ヵ国が核兵器保有を断念すべきだろうが、核兵器製造マニュアルが事実上公開状態になっている今日、五ヵ国が保有を断念したところで問題解決にならないことは自明である。そもそも抑止力が崩れるから、おいそれとは断念できないだろうことは想像に難《かた》くない。核兵器というものは、断念しようにも断念のしようがない代物になってしまっているのだ。あるいは核兵器製造マニュアルそのものを地上から完全に抹殺すればよいのかもしれない。しかし人類は、一度知ってしまったマニュアルを忘れろと言ったところで、簡単に忘れられる生き物ではない。

原子爆弾と水素爆弾

第一章で詳しく説明するが、「核」というものはあらゆる物質の構成要素となっている。核には軽いものや重いものなど多種あるが、特に重い核を人為的に壊してやると、核の中に貯えられているエネルギーが飛び出してくる。核が壊れること（主に二つに分裂する）を核分裂と言っている。重い核ほど壊れやすく、特にウランの核やプルトニウムの核は分裂しやすい。つまり核分裂が起こるのはウランなどの重い物質に限られている。

ウランやプルトニウムを一キログラム用意すると、その中には膨大な数の核が充満している。この膨大な数の核が全部一挙に核分裂を起こすと、これまた膨大な量のエネルギーが一挙に放出されるのである。これが原子爆弾だ。ウラン爆弾（広島型）もプルトニウム爆弾（長崎型）もどちらも「分裂爆弾」である。

一方、核融合反応を基にした（原子爆弾よりも強力な）水素爆弾というのがある。「核融合」というのは水素などの軽い核同士が融合する（お互いにくっ付く）反応で、軽い核同士が融合するとやはりエネルギーが放出されるのである。したがって水素爆弾は「融合爆弾」と言えよう。分裂現象と融合現象はお互いにまったく逆の現象である。しかし現存する水素爆弾はその起爆装置として原子爆弾を使っている（水素爆弾については第六章で説明する）。

現在「核兵器」と称するときには、主に原子爆弾（分裂爆弾）と水素爆弾（融合爆弾）のことを指している（他に劣化ウラン弾、中性子爆弾などもある。第四章、第六章参照）。

アタッシュケースに入る原子爆弾？

核兵器を開発するとなるとそれ相当の準備が必要である。鉱山から採掘されるウラン鉱を精製してできる天然ウランそのものは、原子爆弾にはなり得ない。ウラン爆弾を作るには相当程度にまで濃縮せねばならない（注：濃縮と精製とは意味がまるで違う。ウラン濃縮とは何か、なぜ濃縮する必要があるのかは第二章で、またウラン濃縮がいかに困難であるかは第四章で説明する）。そのためにはウラン濃縮装置を持たねばならない。それが面倒なら濃縮装置を他国から輸入するか、もしくは濃縮ウランそのものを輸入せねばならない。

一方、原爆のもうひとつの素材となるプルトニウムは原子炉を稼動することによって得られる。原子炉とは簡単に述べると、ウラン核分裂を一挙に起こすことなく、ゆっくりと時間をかけて分裂させる装置である。したがって原子炉内では、核分裂が起きていても爆発現象は起きていない。原子炉内での核分裂によって生ずるエネルギーを利用して発電させる装置がいわゆる原子力発電である。

今の自然界にはプルトニウムは存在しない。したがってプルトニウムを得るには原子炉に頼るしかない。その原子炉の燃料にはウランが使われている。つまりウランからプルトニウムを作るということになる。使用済みの核燃料を原子炉から取り出すと、その中にプルトニウムが含まれている。しかし使用済み核燃料に含まれているのはプルトニウムばかりではなく、まだ燃え残っている（核分裂を起こしていない）ウランやその他の物質が含まれている。純粋のプルトニウムを使用済み核燃料から摘出するのは容易なことではない。摘出装置もかなり大掛かりになってしまう。

ウラン爆弾には相当に濃縮されたウランを使わなければならない。それには濃縮装置を使わねばならず、費用もかさむ。一方、プルトニウム爆弾を作るには原子炉が必要であり、使用済み核燃料からプルトニウムを摘出せねばならず、これまた費用がかさむ。

ウラン爆弾にせよプルトニウム爆弾にせよ、その原理は比較的簡単に理解できる。しかし、原子爆弾を一個製造するには、綿密な計算設計、原子炉、濃縮装置、摘出装置、起爆装置、電気仕掛け……などが不可欠となり、どれ一つとってみても複雑かつ大掛かりで、とても個人的にできるような代物ではない。自動車の設計技師が退職して自分で車を設計し自家製の車を作ったという話は聞いたことがあるが、原子爆弾はそこまで行っていない。第一、素材（濃縮ウランやプルトニウム）を手に入れるだけでも大変だ。

現在、科学技術が進歩し（特にコンピュータ）、原子爆弾も小型化されつつあるが、爆弾になり得るウランやプルトニウムにはその最少量というものが存在する。この最少量は「臨界量」として知られている。ウランやプルトニウムの量がこの「臨界量」以下だと十分威力のある爆発は起きない。この臨界量が原爆のサイズに制限を与えるのである。しかし爆縮型の爆弾（第五章参照）を使えば、臨界量以下でも爆縮することによって臨界量以上の状態（超臨界と言う）にさせることができる。ただ、爆縮装置は極めて複雑でデリケートなため、その小型化は簡単ではない。アタッシュケースに詰め込める原子爆弾などというものが映画に登場したりするが、少なくとも現在の段階ではそれは無理だ。

ただし、アタッシュケースに入る原爆はなくとも、「原子爆弾製造マニュアル」は科学者たちの間には知れ渡っている。今日、その気になれば原子爆弾はどこの国でも作れるという時代になっている。

核兵器の小型化は当然考えられてもおかしくない。広島や長崎のように広範に被害をもたらすのが目的ではなく、一般市民の犠牲を最小限に食い止め、相手国の軍事施設だけに限定してそこだけを破壊するような核兵器はできるだろうか？　少なくとも理論的には可能である。現在、アメリカの核開発はこのような線に沿って動いている。湾岸戦争でも今回のイラク戦争でも劣化ウラン弾が使用されたようだが、ここで言う小型核爆弾は劣化ウラン弾ではなく、完全な原子爆弾もしくは水素爆弾を指す。

まずは科学的な知識を

現在、アメリカもロシアも「未臨界核実験」を繰り返している。これはまともに核爆発が起きないように設定した核実験であるが、核兵器に直接間接に関連した実験であることは間違いない。

核兵器や原発について考えるには、その科学的な原理を知っておかなくてはならないだろう。私たちは科学的な知識を得たうえで議論すべきである。かといって「原子力の知識を広めなさい」と言っても、「難しそう」とか「そんな暇はないよ」という返事が返ってきそうだ。まあ、気持ちは分かるが、多くの一般市民が原子力の知識がないままだと、原子力発電にしても「恐いから嫌だ」の一点張りになってしまうだろう。

こうなると原発側も、事故が起きても住民の騒ぎが気になっておいそれとは事故を公表できず、ひた隠しにしてしまう。仮に、現在故障修理中の原発があるとしよう。専門家が

「この故障はしかじかの理由で放射能漏れはないし、また修理はこうすれば完全に可能だ」と説明したとしても、住民の側に知識がなければ、事態は理解できないだろう。また原発側が住民に対してそういう先入観を持っていたら、説明するのをためらってしまう。だから事故を隠すという筋書きになるのではないか。

一九九九年にＪＣＯの事故があった。とうてい考えられないようなひどい事故であった。作業員が、自分が何をやっているのかを分かっていなかったという。これでは起こるべくして起きた事故であり、起こっても何の不思議もない。いわゆる「ずさんな管理」の問題であり、当事者側の責任だ。

筆者が言いたいのは、原発側と住民の信頼関係が確立しない限り、原発問題は容易に解決しないということである。そのためには、一般市民ももっと原子力の知識を深める必要があると思う。この本の趣旨はそこにある。

原子爆弾についても原子力発電についても、多くの人にもっとそのしくみを知ってほしい。そう考えて、私は本書の執筆に思い至った。難しそうな理論や専門用語はできるだけ避け、とにかく読みやすく分かりやすく書いたつもりである。特に水素爆弾には力を入れた。

第一章　核兵器の「核」って一体何だ？

個体、液体、気体

世の中にはいろんな物がある。大概のものは手で触ることができる。硬くて叩いても簡単には壊れないもの。ふにゃふにゃと柔らかいもの。水に代表される液体。そして空気。ほとんどの人は、見えなくとも空気の存在を認めているようだ。空気がなかったら風速何十メートルというような風を説明することができない。空気の移動が風だ。風を認めることと自体が空気の存在を認めることになる。空気は「気体」の一種である。空気の他に水素ガス、酸素ガス、窒素ガス、あるいは恐ろしい毒ガスなどという気体もある。気体とガスは同義語である。気体は目に見えない（化学反応の最中やその直後は「煙」として一時的に見えることはあるが、やがて空気中に拡散して見えなくなる）。

このように、一般に物は次の三つに分類できる。

1．固体（硬いもの）
2．液体（流れる）
3．気体（目に見えない）

この、固体↓液体↓気体と変化していく過程を顕著に観測できる物質は、普通の水である。水の固体はカチンカチンに凍った氷（アイス）である。氷を溶かすと液体（いわゆる水）

になり、水を沸騰させると蒸発して水蒸気（気体）となる。ここで注意すべきは水の場合、固体（アイス）であっても、液体であっても、気体であっても、どの状態においても水は水で、同じ物質であるということだ。つまりどの状態においてもH_2Oに変りはない。

さて普通の状態では鉄の塊は固体だ。この鉄に熱を加え続けて、ある温度以上になると、いかに鉄といえども溶けはじめる。さらにどんどん熱を加え続けていくと、しまいにはその鉄全部が溶けてしまい液体状になるのだ。では液体になった後、なおも熱を加え続けて温度を上げていくとその鉄はどうなるか？　液体になった鉄は蒸発しはじめる。ここで加熱をやめなければ、液体状の鉄はどんどん蒸発していく。これは沸騰した水がどんどん蒸発していくのとまったく同じ現象だ。このようにして、しまいには鉄全部が蒸発してしまって、影も形もなくなってしまう。鉄が完全に消滅してしまう？　これでいいのか！そうではない。鉄全部が気体になってしまっただけで、消滅したわけではない。

一九四五年（昭和二〇年）七月一六日、アメリカ、ニューメキシコ州で人類初の原子爆弾の実験が行われた。この時、原子爆弾は三〇メートルの高さの鉄塔のてっぺんに備え付けられた。爆発と同時に、鉄塔はわずかに基底の部分を残しただけで、大部分は跡形もなく消えてしまった。一瞬にして温度があまりにも高くなってしまったため、一挙に気体になってしまったのである。

鉄以外でも、熱を加え続けてその温度をどんどん上げていくと、固体、液体、気体というふうに変化していく物がある。木や有機体のようなものは温度を上げていくと燃えてしまい、黒焦げとなって完全に気体にならないようにも見えるが、原子爆弾をまともに浴びたら気体になってしまう。またドライアイスのように固体から一気に気体になってしまうものもある。

「粒寄り」の構造

なぜ物体は固体になったり、液体になったり、気体になったりできるのだろうか。まず、いかなる物体も、まったく隙間のない連続体でできているものと仮定して考えてみよう。つまり物体には何の構造もないとしてみるのだ。この場合「物体は何から構成されているのか?」という質問に対しては、「何からも構成されていない」という答えしかない。それにしても構造がないとはどういう事だろうか。人間の体は構造を持っている。人体は皮膚、肉、骨、血液、その他もろもろの部分から構成されている。色々な異なった部分から構成されているということが「構造がある」ということである。

だから鉄が構造を持っていないということは、鉄の内部はまったく隙間がなく、どの部分も同じでべろっとしていることである。もし鉄に構造がまったくないとすると、鉄の塊に熱を加え続けて温度をどんどん上げると、液体になったり気体になったりすることが、どうにも説明できなくなってしまうのだ。そう、ノーベル賞受賞者のような優秀な科学者でも、お手上げである。一体、どうなっているのだ?

ここで、物体は膨大な数の小さな粒《つぶ》が寄り集まって構成されており、さらに粒同士は糊(接着剤?)でお互いに結び付けられているとしたらどうか。まず固体(硬いもの)から説明してみる。固体は糊が強力に効いていて、粒同士ががっちり強固に結び付けられている状態である。したがって物体内の膨大な数の粒は、どれひとつ身動きできない。そのような物体は簡単に形を変えることはない。これが固体だ。

その固体に熱を加えてみる。どうなるのか? 熱はその固体に吸収され、固体の温度が上がる。熱が固体に吸収されると、その固体を構成している多数の粒が振動を起こすのである。さらに温度が上がっていくと、粒はますます大きく振動し、ますます大きく暴れまわる。この粒子の暴れまわる度合いが、その物体の温度を決めるのである。物体が熱を吸収するということは粒子が暴れまわるようになることを意味する。粒子の暴れる度合いが大きくなるほどその物体の温度は上がる。粒が暴れると粒同士を接着している糊の効き目が相対的に弱くなっていく。糊からの束縛を振り切ろうとする。糊の効き目が弱まると粒同士は比較的自由に動き回れるようになる。そうなるとその物体はふにゃふにゃとしてくる。しかしそれでも粒同士が離れ離れになることはない。

もっと温度が上がると糊の効き目がさらに弱まり、粒同士はまだ離れ離れにはなっていないけれど、その物体はさらに柔らかくなり「流れる」ことが可能になる。この状態が液体である。液体の特徴は「流れる」ことにある。

温度をさらに上げていくと粒がますます盛んに暴れまわるようになるので、糊の効き目は事実上なくなってしまう。すると一つ一つの粒は他の粒の存在に関係なく自由に動き回ることができるようになる。それでも時々、粒同士の衝突は起こる。しかしこのような温度では粒があまりにも大きく暴れまわっているため糊の効き目がなく、粒同士がくっ付いてしまうことはない。こうなると粒同士が完全に離れ離れになってしまい、粒と粒の平均間隔がかなり大きくなってしまう。粒一つ一つは目に見えないほどに小さいから、このように離れ離れになってしまった粒の集合体は我々には見えない。これが気体である。

鉄ではなくて他の金属、例えば銅に関しても同じことが起こる。銅も膨大な数の粒が糊によって結び付けられて構成されている。このことからすぐ分かることは、物体を構成している粒には種類があるということである。このように、物体が膨大な数の小さな粒でお互いに糊付けされて構成されていると考えると、物体が固体→液体→気体と変化していく様子をものの見事に説明できるのである（図1）。

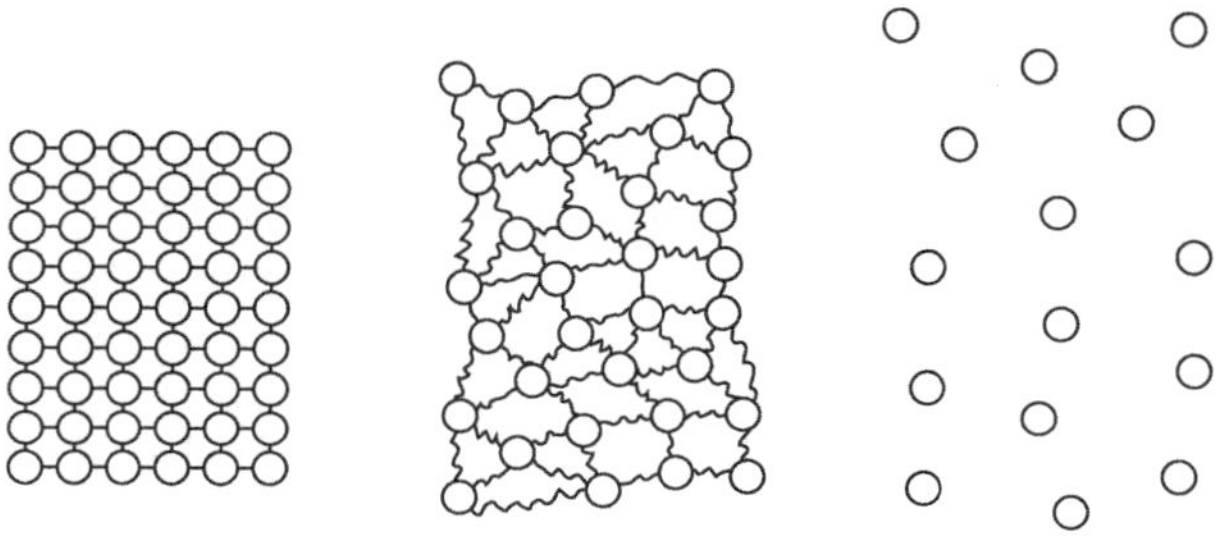
固体
硬く結ばれている
液体
ゆるく結ばれている
気体（ガス）
結ばれていない

図１　固体・液体・気体の構造

糊の正体

　それにしてもこの「粒」とは何だ？　糊とは何だ？　もうすでに察しがついていることと思うが、このように物体を構成している粒は「原子」、あるいは水の場合のように「分子」と命名されている。鉄の場合は「鉄原子」が多数寄り集まって構成されている。

　世の中には色々な異なった物体が存在する。それぞれの物体は多数の原子が寄り集まって構成されているので、原子は多種あることになる。どのくらいの種類かというと一〇〇種類あまり。それぞれ名前が付いている。一つの種類と他の種類との違いは、重さにある。重さの順に、水素、ヘリウム、リチウム、ベリリウム、ホウ素、炭素、窒素、酸素、フッ素、ネオン、ナトリウム、マグネシウム、アルミニウム、ケイ素、……ウラン、ネプツニウム、プルトニウム……と続く。

では原子同士を結び付けている糊とは何か。糊がなければ物体はすぐにも個々の原子や分子にバラバラに解体されてしまう。

電気にはプラスの電気とマイナスの電気とがある。一個の原子は全体としてみれば電気的に中性だが、原子の内部にはプラスの電気とマイナスの電気が「内蔵」されていて、両方の電気がお互いに打ち消し合い、正味の電気はゼロとなっている。ところが、鉄などのような金属は、原子の一番外側を回っている電子が原子から外れてしまっていて、金属内を自由に動き回れるようになっている。このような電子を「自由電子」と呼ぶ。電子はマイナスの電気を帯びている。金属内には膨大な数の原子があるから、自由電子の数も原子の数と同じほどある。この自由電子が原子同士を電気力によって結び付けている。つまり原子同士を結び付けている糊の正体は「電気力」ということになる。

また物体によっては、水などのように、原子ではなくて分子が寄り集まって構成されているものもある。分子とは二つ以上の原子がくっ付いたものだ。例えば二つの原子がお互いに電子を共有しあうと、原子と原子との間に電気引力が発生し、二つの原子は電気力によってくっ付き一つの分子を形成する。一個の分子全体としては電気的に中性だが、分子内でのプラスの電気とマイナスの電気が一様に分布しているのではなく、片側はよりプラスに、反対側はよりマイナスになるように分布している。すると分子と分子の間には図2に示されているように、やはり電気引力が発生して分子同士はくっ付く。

結局、原子や分子を結び付ける糊の役目は電気力ということになる。これはひとえに原子内に電気が内蔵されているからである。

さて、原子一個はとてつもなく小さいものだが、一体どれほど小さいのか？　厳密なサイズは今でも分かっていないが（原理的に分かりようがない）、おおよそ一億分の一センチである。あまりにも小さすぎてその「小ささ」が実感できない。目に見えないほどの小さな原子がたくさん集まると全体像は見えるようになるが、それでも個々の原子は目に見えない。これは光と物体の相互作用によるものだが、不思議な現象である。

原子一個一個には重さがある。種類によって原子の重さも異なる。この世で最も軽い原子は水素原子である。普通の温度ではいくら多数の水素原子が寄り集まっても固体や液体は形成されない。できるのは気体である。したがって普通の温度では水素は気体として存在する。逆に現在、天然に存在している原子のうちで最も重いのがウラン原子である。現在ではウランよりも重い「人工元素」がある。

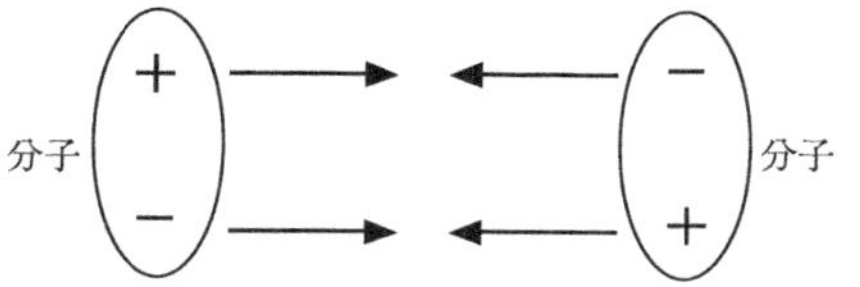

図2　分子間に発生する電気引力

まったく同じ原子のみで構成されている物体は、元素と呼ばれている。世の中にはいくつかの異なった原子から構成されている物体もあるが、そのような物体は元素とはいわない。例えば先にあげた水（H_2O）は元素ではない。純粋の鉄は鉄原子というまったく同じ原子だけが寄り集まって、がっちりと糊付けされて構成されているので、鉄は元素となる。

原子にも構造がある——原子核と電子

もともと「原子」とは、もうこれ以上分割不可能という意味があったのだが、結局原子自身にも構造があることが分かった。つまり一個の原子は何かから構成されているということである。

どんな種類の原子でもその中心に原子核というものがあり、その周りをいくつかの電子と称する、マイナス電気を帯びた極めて軽い粒子がまわっている（図3）。この世に電子と称する粒子は一種類しかない。電子は極めて軽いと言ったが、原子核の重さに比べればほとんどゼロに近いような重さである。電子が原子核に比べて極端に軽いことから、原子全体の重さは事実上、原子核のみによって決定されるとみなしてよい。ついでだが電子一個は軽いだけではなく、まさに「点のごとく小さい」のであって、大きさの決めようがない。

なお、原子と原子核を混同せぬように！　混同を防ぐために、以後、原子核のことを単に「核」と呼ぶことにする。

さて、電子はマイナスの電気を帯びており、核はプラスの電気を帯びている。原子一個の大きさが一億分の一センチ程であるから、その構成要員である核や電子はさらに小さいことになる。図3から原子の構造は太陽系の構造に似ていることが分かる。核が太陽に相当し、電子が地球や木星のような惑星に当たる。

しかし厳密にいうと、太陽系と原子の構造は全然違う。どのように違うのかを説明するとそれだけで一冊の本になってしまうので、説明は省略する。そもそも一億分の一センチという想像を絶するような小さな原子に、このような構造があるとどうして分かったのか？　これまた本一冊分の説明を要するので割愛する。

図3に見られるように、マイナスの電気を帯びた電子がプラスの電気を帯びた核の周りを回

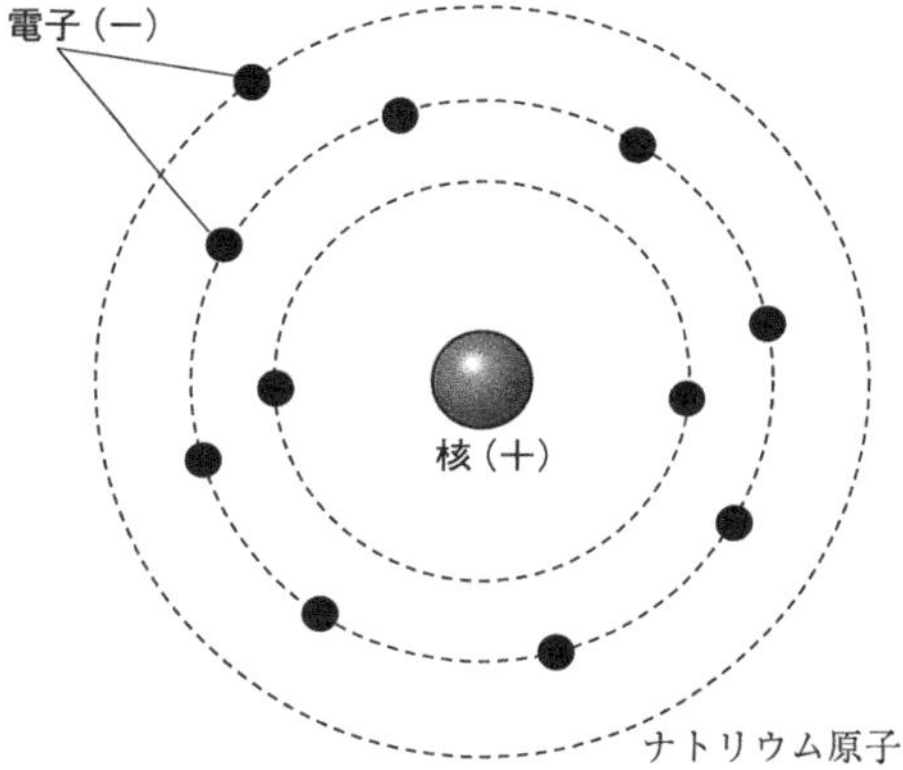

図3　原子1個の構造

っている。マイナスの電気とプラスの電気はお互いに引き合うため、電子はプラスの核に引き寄せられる。だから電子は軽くとも離れて行ってしまうことはなく、常に核の近傍に留まっていられるのである。諸君！　もし「この世に電気の大元締めは一体どこにあるのか？」と聞かれたら「原子」と答えなさい。それ以外に正解なし！　すべての物体は膨大な数の原子の寄り集まりで構成されている以上、電気の大元締めは物体にあるということにもなる。核や電子の帯びている電気（正確には〝電荷〟と言う。後述）は人為的に〝起こす〟ものではなく、**もともとこの世に存在していた**ものだということをここで改めて認識してほしい。ただ電気にはプラスとマイナスの二種類があるがゆえに、その両方が相殺されてあたかも電気がないようになっているため、日常生活で電気を感ずることはめったにない（頻繁に感じたら大変だ）。

原子には色々と種類があるが、一体何が原子の種類を決めるのだろうか。今のところは核の周りを回っている電子の数と言っておく。電子の数が異なると原子の種類も異なる。例えば軽い水素原子には電子はたった一個しかなく、重いウラン原子には九二個もある。

陽子と中性子

驚くなかれ、核そのものにも構造がある。核の大きさは当然原子の大きさよりも小さい

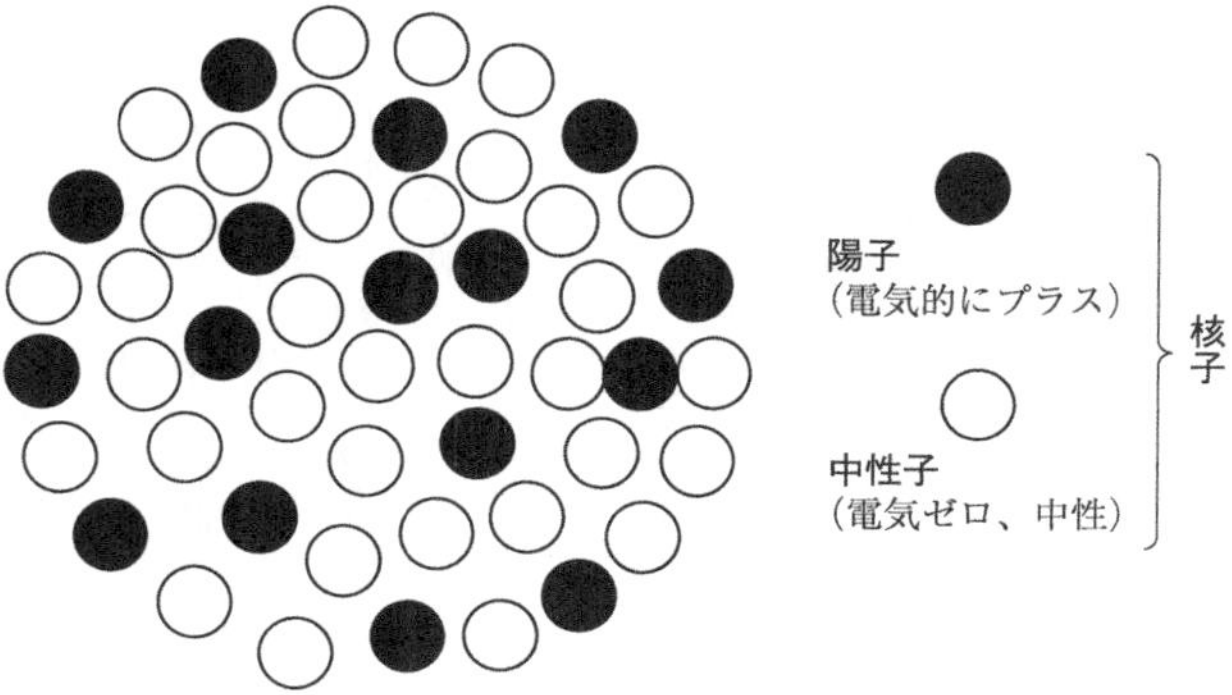

図4　核（原子核）の構造

が、核は原子よりもわずかに小さいなんてもんじゃない。核は原子よりも桁外《けたはず》れに小さい。甲子園球場を原子一個とみなすならば、その核は球場のど真ん中に置かれたピンポン玉ぐらいの大きさだ。核の大きさは一〇兆分の一センチぐらいである。そんな小さな核にも構造がある。つまり核はさらに基本的な粒子から構成されているのだ。これら基本的な粒子は「核子」と呼ばれている。

　核子には二種類ある。ひとつは陽子と呼ばれ、もうひとつは中性子と呼ばれている。核はいくつかの陽子といくつかの中性子が、ほとんど隙間なくお互いにくっ付かんばかりの状態で構成されている（図4）。このうち陽子はプラスの電気を持ち、中性子はまったく電気を帯びていない（中性）。陽子も中性子も、核よりも小さいということになる。どれほど小さいかなどとここで数値を掲げても仕様がないからやめる。とにかくべらぼうに小さい。

核が何個の陽子と何個の中性子から構成されているのかは、原子の種類によって異なる。例えば水素原子の核は陽子一個だけであり、ウラン原子の核は九二個の陽子と一四六個の中性子とから構成されている。陽子と中性子はほとんど重さが同じである（正確には、中性子の方が陽子よりもほんのわずか重い）。

核内にはマイナスの電気を帯びている粒子は一つもないので、核全体としては陽子のおかげでプラスの電気を持っていることになる。つまり核はプラスに帯電している。

ところで、どんな種類の原子であれ、その核の周りを回っている電子の数と核の中に入っている陽子の数はぴたり同じである。あまり原子についてくどくどと書きたくないが、核兵器を理解するに当たって重要な事なのでもう二言だけ付け加えておく。核の構成要員である陽子と中性子はほとんど同じ重さであると言ったが、陽子（したがって中性子）の重さは電子の重さの一八三七倍である。つまり陽子は電子の二〇〇〇倍近くも重い。核はこの重い陽子や中性子で構成されているので、核の周りを回っている電子に比べて桁外れに重いことになる。したがって原子全体の重さに関する限り、電子の重さなどまったく無視できる。

しかし、どんなに軽いとはいえ、電子の存在を絶対に無視できないことがある。すでに述べたように、ひとつの原子においては、その核の外側を回っている電子の数と核内にある陽子の数は等しい。結局、ひとつの原子においては、全電子によってもたらされるマイナスの電気の全量は、全陽子によってもたらされるプラスの電気の全量と等しくなる。プラスとマイナスが相殺されて原子の全電気量（正味の電気量）はゼロとなり、原子全体は電気的に中性となる。このように電気の量を考えると、いかに軽くとも電子の存在は無視できない。

核の中ではプラスとプラスがくっ付く

電気のプラスとプラスはお互いに反発しあう。同じくマイナスとマイナスもお互いに反発しあう。つまり同符号同士は反発しあう。一方、プラスとマイナス、つまり異符号同士はお互いに引き合う。このように電気に起因する反発力や引力は「電気力」と呼ばれている。ところで核内には陽子と中性子がぎっしりと詰まっている。中性子は電気を帯びていないから電気力が働かない。しかしプラスの電気を帯びている陽子同士の間には、電気反発力（電気斥力）が働く。

この陽子間の電気反発によって、核はあっという間にバラバラになってしまうはずだ。

それにもかかわらず核内では陽子同士がお互いにくっ付かんばかりの至近距離を保って、極微の大きさを保っている。また、中性子同士あるいは陽子と中性子の間だって、糊付けされていなければ簡単に離れてしまうはずだ。二つ以上の核子を一〇兆分の一センチという狭い領域内にがっちりと閉じ込めておくためには、核子同士の間に引力が働かねばならない。しかも、この引力は電気によって引き起こされたものではない。

核子同士を強固に結び付ける力は「核力（Nuclear force）」と称され、核力は陽子間の電気反発力を遥かに上回る引力である。結局、核の内部では、「陽子と陽子との間」、「中性子と中性子との間」、そして「陽子と中性子との間」に極めて強い核力が常に働いており、これがために核内の核子がバラバラになることはない。ここで注意すべきなのは、中性子は電気を帯びていないので電気力がまったく作用せず、核力のみが働くということだ。二つの粒子があってそのうちの一つは電気を帯びており、もうひとつは電気を帯びていない場合、その二つの粒子の間には電気力はまったく生じない。もちろん二つとも電気を帯びていなければ電気力は生じない。したがって陽子と中性子の間、あるいは中性子同士の間には電気力は存在せず、核力（引力）のみが働く。しかし、陽子はプラスの電気を帯びているので、陽子と陽子との間には「電気反発力」と「核力」が同時に作用している。

この核力を世界で初めて解明したのが、湯川秀樹博士である。核力の理論は本書のレベルを遥かに越えてしまうので割愛する。湯川はこの核力の理論から、それまで誰も知らなかった中間子（現在パイオンと呼ばれている）という粒子の存在を予言し、そして中間子は実在することが確かめられた。中間子論は湯川が弱冠二七歳の一九三五年に発表され、一九四九年湯川は日本初のノーベル賞を受賞した。当時はコンピュータなどなく、中間子論は紙と鉛筆だけから導き出された理論である。

原子と元素

原子には種類がある。この種類のことを元素という。元素の種類だけ原子の種類もある。「なになに？　もういっぺん言って」と聞き返されそうだ。原子と元素の区別はややこしい。本書ではつぎのように定義する。元素とは手に持てるほどの量の物質で（それ以上でもそれ以下であってもよいのだが）、その物質を構成しているすべての原子はまったく同じ種類の原子（分子ではない）であり、原子核内にある陽子数がすべて同じものである——つまり元素とは一種類の原子だけから構成されている物質のことをいうのである。手に持てるほどの量の純粋の金属が、元素となる。例えば純粋の銅一キログラムは銅原子のみから構成されておりこれは銅元素となる。銅**元素**は膨大な数の銅**原子**が寄り集まって構成されている。

「水素**元素**」と言った場合は水素**原子**だけから構成されている物質であるが、常温（一般の室内温度）では水素はガスとして存在する。しかし実際の水素ガスは水素分子（水素原子が二個くっ付いてできている）の集まりである。にもかかわらず「水素**元素**」と言った場合には、水素**原子**だけから構成されている物質を想定するのである。

しかし元素とは呼ばれない物質もある。例えば水である。水としての性質を持つ最小単位は、水分子であって原子ではない。一個の水分子は一つの酸素原子の周りに二個の水素原子が電気力によってくっ付いて構成されている。水素（Hydrogen）の記号はH、酸素（Oxygen）の記号はOであるので水分子一個の表示はH_2Oとなる。このH_2Oが水としての性質をもたらす大元締めになっており、その構成要員であるH（水素）だけを取り出しても、水の性質はまったく持っていない。同じくO（酸素）そのものも水の性質など持っていない。水が水としての性質を表す最小単位はH_2Oであって、HでもなければOでもない。水は、一種類の同じ原子だけから構成されているのではないから、元素とは言えないのだ。「原子」と言った場合は一億分の一センチほどの大きさの原子を想像し、「元素」と言った場合は、肉眼でハッキリ見えるほどの量の物質を想像すること！

しかし、一般には原子と元素を混同してもさして大きな問題は生じない。ここで注意することは、例えば二つの種類の異なった元素の重さを比較する場合、どちらの元素も同じ数の原子から構成されていなければならないということである。鉄と綿はどちらが重いかと問われても答えようがない。例えば富士山ぐらいの大きさの綿を用意し、砂一粒ぐらいの大きさの鉄を用意する。この状態で「鉄と綿はどちらが重いか?」と問われても返答に困るのではないだろうか。この場合、綿のほうが鉄より重い。このことから「モル数」などというものが定義されているが、それについては「化学」の本を参照してほしい。

陽子の数が原子名を決定する

さて先に、原子の種類(名前)を決定する要素は核の周りを回っている電子の数であると言ったが、核内にある陽子の数とその周りを回っている電子の数が等しい以上、原子の名称を決定するのは陽子の数と言ってもよいことになる。実際、陽子の数をその原子の原子番号(Atomic number)と言っている。原子番号が増えるほど原子は重たくなる。

原子の中心にある核内の陽子の数が、その原子の電気的性質(電気的性質は化学的性質に直接つながる)を決める。そのため、核内の陽子数すなわち原子番号が、その原子名を決定するのである。例えば陽子が一個しかない原子は水素と命名され、陽子が八個ある原子は酸素と命名されている。中性子は電気を帯びていないので化学的性質に寄与することはなく、中性子の数は原子名には関与しない。ウラン原子核には九二個の陽子が入っているが、そこからたった一個の陽子を取り去ってしまうと、九一個の陽子が入っているこの核はもうウランではなく、それはプロトアクチニウムと呼ばれるまったく別種の核に変容してしまう。読者には、中性子の数には関係なく、陽子の数のみが原子名を決定するということを、ぜひ丸暗記してほしい。核兵器を理解するにあたって大変重要なことである。

核の質量数

「質量数」というものも、核兵器（原子爆弾）の製造過程において極めて重要な言葉である。それがどういうモノであるかを、ぜひともここで丸暗記してほしい。核内における全核子数、つまり陽子の数と中性子の数を足しあわせたものを、その核の「質量数（Mass number）」と言う。ウラン核は九二個の陽子（原子番号92）と一四六個の中性子とで構成されているので、ウランの質量数は92＋146＝238となる。つまりウラン原子は次のように特徴づけられる。

ウラン：原子番号92（陽子の数）
　質量数238（陽子数と中性子数の合計）

そこでウランは「ウラン238」というふうに表示する。元素名のすぐ後に、質量数を書くのである。例えばニッケル原子の中心にある核は、陽子二八個と中性子三一個とから構成されているので、その質量数は28＋31＝59となり、ニッケル59と書く。質量数が核の重さを決定することは言うまでもない。さらに核はほぼ原子全体の重さを決定してしまう（電子は軽すぎるので、その重さは無視できる）。したがって質量数を表示することによって、その元素が他の元素と比べて重いのか軽いのかがすぐ分かる。

核の内部など、どんな顕微鏡を使っても決して目に見えるような大きさではない。そんな小さな核の内部の状態がかなり分かっているのである。だから原子爆弾が可能になったのである。

アイソトープ（同位元素）

ここでもう一度強調する。原子名を決定するのは原子核内の陽子の数であって、中性子数には関係しない。ヘリウム原子の核は陽子二個と中性子二個から構成されている（質量数を表示してこれをヘリウム4と書く）。しかしこの世の中には、数は少ないが、陽子二個と中性子一個から構成されているヘリウムもある（これをヘリウム3と書く）。陽子は英語でproton（プロトン）、中性子はneutron（ニュートロン）と呼ばれているので、陽子をⓟ、中性子をⓝと表示しよう。そうするとこの二種類のヘリウム核は次のように表される。

ヘリウム4

ヘリウム3

どちらも元素名（原子名）は同じヘリウムである。なぜならどちらの核も同じ数の陽子が入っているからである。陽子の数が同じであるということは、どちらのヘリウムもその電気的性質（化学的性質）はまったく同じだから、同じ原子（あるいは同じ元素）ということになる。中性子数が異なっても陽子数さえ同じならば同じ元素なのである。ヘリウム4もヘリウム3も、その化学的性質はまったく同じで化学的に区別することはできない。ただし中性子数が異なるから質量数は違う。

このように原子番号は同じで中性子数の異なる（つまり質量数の異なる）二つの元素は、アイソトープ（同位元素）と呼ばれている。

ウランは鉄や銅と同じように金属である。このウランにもアイソトープがある。ウラン235（陽子数九二、中性子数一四三）とウラン238（陽子数九二、中性子数一四六）である。当然ウラン238のほうが重い。陽子数は九二で同じだから、原子名はどちらもウランである。後で詳しく述べるが、原子爆弾に使えるのは軽いほうのウラン235である。

人間原理という考え方

ここまで駆け足で原子の構造を紹介してきた。読み進めてきて、次のような疑問を持った方がいるかもしれない。「どういう構造になっているのかは分かったが、一体なぜそのようになっているのか？　なぜ別の形にならなかったのか？」

本章の最後に、少し立ち止まって、この疑問に答えがあるのか考えてみよう。

太陽系の中心には太陽があり、その周りを九つの惑星が回っている。太陽系は今からおよそ四六億年前に生成された。太陽と地球の関係は非常に微妙である。太陽と地球の距離は一億四九六〇万キロメートルである。もし地球と太陽の距離がこれ以上であっても以下であっても、地球の気候は大きく変化し、おそらく人類は発生しなかったであろう。また太陽から発するエネルギーはその大きさに依存する。太陽の直径は一三九万二〇〇〇キロメートルである。太陽の大きさがこれ以上でも以下でも、地球が太陽から受けるエネルギーの量が変わるため、これまた地球に人類が発生しなかった可能性が極めて強い。同じことが地球の大きさにも言える。地球の大きさが現在の大きさでなかったとすると、地球重力も違うため、人類が発生しなかった可能性が大である。すなわち地球に人類が発生するためには、太陽の大きさ、地球の大きさ、太陽と地球の距離、その他もろもろの物理状態がすべて現在のようになっていなければならない。少しでも違っていたら地球上には人類が発生しなかったことになる。結局、今から四六億年前に太陽系が形成された時、地球は人類が発生するような極めて特殊な状態となって形成されたことになる。そのような特殊な状態に偶然なったのだろうか？

疑問を続けよう。原子一個はなぜ一億分の一センチぐらいで、その核が一〇兆分の一センチぐらいという小さなものでなければならないのか？　なぜ一センチぐらいではだめなのか？　なぜ原子は図3のような構造になっていなければならないのか？　さらに核の構造はなぜ図4のようになっていなければならないのか？　これらの原因は電子や陽子の持つ電気の量、およびそれらの間に働く電気力、そして核子（陽子と中性子）の間に働く核力の強さ、さらには電子の重さや核子の重さに依存する。核の周りを回っている電子は、核に電気力によって引き付けられている。この電気力の強さと電子の重さが、原子の大きさを一億分の一センチぐらいになるようにしているのだ。また核の中では陽子間の電気力の強さ、核子間の核力の強さ、そして核子の重さが核の大きさを決定している。

天然に存在する元素の中で最も重いものはウランである。ウランより重い元素は人工的に作ったもので、人工元素あるいは「超ウラン元素」と呼ばれている。なぜ天然にはウラン元素より重い元素が存在しないのか？　元素の重さは電気力と核力の強さで決定される。つまり電気力および核力が、測定されているような強さになっているという理由だけから、ウランが天然に存在する元素の中で最も重いということになるのだ。

しかしどうして電気力や核力の強さが、測定されたような強さになっていなければならないのか？　どうして電子や核子の重さは測定されたような値になっていなければならないのか？　一体誰がそのように決めたのか？　何をくだらん疑問を抱いているのだ。元々そのようになっているのだからそのようになっているのだ。質問自体がナンセンスである……と一笑に付してよいものだろうか。いまのところ、どうして測定されたような値になっていなければならないのかを説明する理論は何一つない。ついでだが光は一秒間に地球の赤道の周りを七回り半する。数値で言うと秒速三〇万キロメートルの速さである。光の速さはこの値一つしかない。どうして光の速さはこの値しかないのか？　どうしてこの値でなければいけないのか？　どうして光というものはかくも速く走らねばならないのか？　誰も分からない。

そこで次のような質問をしてみる。もし電気力や核力の強さが、測定された強さよりももっと強かったりあるいはもっと弱かったりしたらどうなるのか？　また電子の重さや核子の重さが測定された値と異なっていたらどうなるのか？　もし光の速さが秒速三〇万キロメートル以外の値であったならどうなるのか？　すると次のような結論が出る。そのような場合には、原子や核の大きさが今日実際に観測される大きさとは大きく異なることになる。例えば原子一個の大きさが一センチぐらいになって、原子を直接見ることができるかもしれない。しかし、もしそうなら宇宙の状態は今の宇宙とはまるで違っているはずだ。さらにもしそうなら、はたして今のような人間が発生しただろうか？　否、人間は発生しなかったかもしれない。人間がこの世に発生していなかったら「なぜ自然はこのようになっていなければならないのか」などという質問自体も出てこなかっただろう。

結局、電気力の強さも、核力の強さも、電子の重さも、核子の重さも、すべて測定されているような値になっているからこそ、この世に人間が発生したのだということになるのか？

このように「どうして自然はこのようになっていなければならないのか」という質問に対して、「もしそのようになっていなければ現在存在しているような人間がこの世に発生しなかったからだ」と答えるのが「人間原理」と呼ばれる考え方だ。

核兵器と人間原理

人体のすべての部分、そしてその他あらゆる物質は原子からできている。人類が発生するには、つまり現在観測できるすべての物質が今ここに存在するためには、どうしても電気力の強さ、核力の強さ、電子の重さ、核子の重さ等が、いま観測されているような値になっていなければならない。その結果、原子の大きさや核の大きさも、観測されるような大きさにならざるを得ない。さらにその結果、原子や核は観測されているような構造を必然的に持つようになった。そしてそのような構造であるがゆえに、核分裂や分裂連鎖反応が可能になるわけだ。

こう考えると、この宇宙は極めて特殊な自然で出来上がっていると言える。核兵器は人間がいるこの特殊な自然と人間との相互作用の結果「発生」したものと言えないだろうか？　もしそうなら核兵器は自然に発生したとも言えるのではないか。

断っておくが「人間原理」は物理理論ではない。物理学は「なぜそうなっているのか？」という質問には答えられないようになっている。物理学が答えられるのは「どのようにしてそのような状態になったのか」というプロセスである。すなわち物理学はＷＨＹには答えられずＨＯＷに答えるものである。核兵器がどのように働くのかは説明できる。核兵器が働くためには核分裂や核融合を説明せねばならない。核分裂や核融合から放出されるエネルギーの量は電気力や核力の強さによって決定されてしまう。ではどうして電気力や核力は測定から得られるような値になっているのかは物理学では説明できない。どうしてもというのなら少なくとも現状では「人間原理」に訴えるしかない。

一九六五年度のノーベル物理学賞は、「量子電気力学」の研究により朝永振一郎、リチャード・ファインマン、ジュリアン・シュインガーの三人に授与された。この研究は一九四三年前後になされたものだ。ところがこの「量子電気力学」の研究にはこの三人の他にイギリス生まれのフリーマン・ダイソンという若い物理学者（当時まだ三〇歳前）も大きく貢献したが、ノーベル賞から漏れてしまった。このダイソンが一般向けに書いた本の冒頭に、次のようなことが書いてある。

「私がまだ子供の頃、母親を悩ませた。好奇心の人一倍強かった私は頻繁に母親になぜ？と質問した。母親が答えると私はさらに、なぜ？を繰り返した。なぜ？なぜ？の連続だった。母親は困った顔をした。結局、最終的な彼女の答えはいつも決まってBecause God....であった」

ちなみに現在、「超ひも理論」というものが考えられていて、もしそれが完成すれば究極のＷＨＹに答えられるようになるかもしれない。

第二章 なぜ「核」が爆弾になり得るのか？

ウラン爆弾と放射能

重い核は壊れやすく不安定

核の大きさは一〇兆分の一センチほど。そんな小さな核がなぜ核兵器になるのか？

現在天然に産出するウラン元素を考えてみる。場所にもよるが、鉱山にはウラン鉱がある。ウラン鉱から精製してウラン元素を摘出できる。一個のウラン核は九二個の陽子と一四六個の中性子から成る。核力によってこれらの核子は一〇兆分の一センチというとてつもなく狭い領域に押し込められているわけだが、それでもなお陽子間に働く電気反発力は依然として存在している（消えてしまう理由はない）。しかも、九二個も陽子があると、それらの間の電気反発力は決して馬鹿にならない。九二個の陽子間に作用する電気反発力は核をバラバラに壊そうとするように働くので、ウラン核は不安定であることになる。

一方、中性子は電気を帯びていないので電気反発力には寄与しない。しかし中性子は核力に寄与する。先にも言ったように核力は陽子同士の間、陽子と中性子の間、そして中性子同士の間に同じ引力をもたらす。だから核の中に陽子の数が多くなってくると、陽子間の電気反発力を打ち消すために中性子の数が自ずと増えていくのである。

中性子は言わば核子の糊付けの役目をする。これがためにウラン核の中では中性子の数が一四六個と、陽子の数（九二個）を圧倒している。ウラン核のみならず、重たい原子の核は、核の安定性という点から中性子の数が陽子の数を上回っている。ところが中性子の数が多すぎても核は不安定となる。もっと詳しい説明は「量子力学」に頼らねばならないが、原子核を安定に保つためには陽子の数と中性子の数との比が大体決まってしまうのである。ここで核の安定とは、核が壊れずにそのままの状態を長い期間保てるという意味である。安定を保つための陽子の数と中性子の数との比を「安定比」と言っている。

いずれにしてもウランのような重たい原子核は、核子が多すぎて壊れやすく不安定である。この「不安定」が爆弾に直接結びつくのである。不安定であるということはエキサイト（興奮）している状態で、人間でも興奮している状態は心が不安定になっている。よくエキサイトしている状態はボルテイジが上がっていると言うが、核がエキサイトしている状態は、核内に大きなエネルギーが貯えられていることを意味する。多くの核子を抱きかかえている重たい核は、その内部に多量のエネルギーが貯えられているために、外にエネルギーを噴き出して核を壊そうとする傾向がある。だから不安定なのである。

空気のいっぱい入った風船は不安定だ。風船内の圧力が大きいために風船内に多くのエネルギーが貯えられている。このエネルギーを外に噴き出してしまえば風船は安定する。これが爆弾の原理である。しかしいくら内部にエネルギーが貯えられているとはいえ、核一個の大きさは一〇兆分の一センチ程であるから、核内に貯えられているエネルギーの量は微々たるものだ。したがって核一個では爆弾になり得えない。

原子爆弾の主役は中性子

風船を破裂させるには、少し圧縮したり、針でつついてやらねばならない。風船内の圧力が大きすぎない限り、風船をそのままにしておいても爆発は起きない。爆弾でも同じことで、爆発させるにはいわゆる「起爆装置」が必要である。爆発を誘発する装置である。これは風船を針でつつくことに相当する。

ではウラン核の場合はどうか。ウラン核を爆発させるための起爆装置は？　ウラン核のみならず、核はすべてプラスに帯電していることはすでに説明した。さて、中性子は電気を帯びていないので、電気力をまったく感じない。したがって、外から用意した中性子がウラン核に近づいていっても核から電気反発力（あるいは引力）を受けることはないので、中性子は容易にウラン核に近づくことができる。そればかりではない。中性子がウラン原子核に相当近づくと、核力が働きはじめ、中性子はウラン核に吸収されてしまう。ウラン核が中性子一個を吸収すると、核はますますエキサイトしてぶるぶると震えだす。核が振動するということは、核の形が矢継ぎ早に変化することを意味する。

油をひいて火にかけたフライパンに少々水を滴らすと、水滴がパチパチと音を立てて激

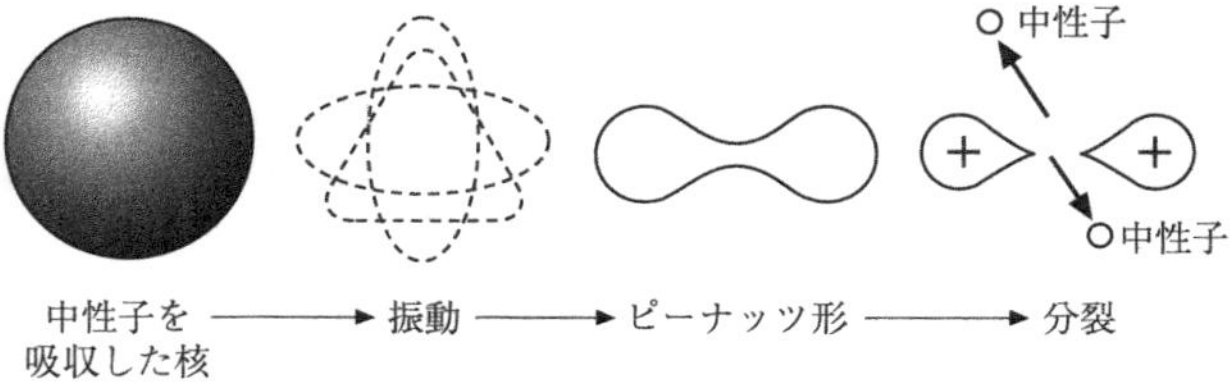

図5　核分裂現象

しく飛び跳ねる。この様子を高速度カメラで撮影して再生してみると、水滴の運動がゆっくりと見え、よく観察できる。一つの水滴を注意深く観察すると、水滴の形は球形だったりラグビーボール状になったり、あるいは三角おむすびの形になったりして、その形が頻繁に変化していることが分かる。核が中性子一個を吸収すると、核の形も水滴のごとく変化する。これが「核の振動」だ。

中性子を吸収した後、核が振動すると、核力で中の核子全部を核内に閉じ込めておくのが難しくなってくる。核の形が皮の付いたピーナッツ形になると、核はもともとプラスに帯電しているから、二つの膨らみの間に電気反発力が働き、結局核は二つに分裂してしまう（図5）。これが**核分裂**現象である。つまり核が外からの中性子を吸収することによって、その核は分裂するのである。

核の中には中性子がたくさんあるので、核が分裂する際、中性子が飛び出してくる（詳しくは後述）。大量の原子核（例えば10^{24}

個ほどの核）の分裂を考える時、分裂時に飛び出してくる中性子の数は核によって異なり、ウラン原子核の場合は平均二・五個ぐらいである。

この「分裂から中性子が飛び出してくる」という事実が、世界を変えたのである。

分裂片（核分裂生成物）

分裂した後の二つの部分は分裂片（または核分裂生成物）と呼ばれている。今、ウラン原子核が分裂を起こし二つの分裂片が生じたとしよう。当然一つ一つの分裂片はウラン原子核よりも軽くなっている。分裂前のウラン235核は陽子九二個と中性子一四三個から成っている。したがってその分裂片も個数は少なくなっているが（だから軽くなる）、やはりいくつかの陽子といくつかの中性子とから構成されている。**したがって分裂片自身一つの核になっている。**

例えばウラン235（陽子数九二、中性子数一四三）が中性子一個を吸収するとウラン236（陽子数九二、中性子数一四四）になり、振動の結果、図6のように二つの分裂片に分裂する。

ウラン236が陽子五六を持つ分裂片1と、陽子数三六の分裂片2とに分裂した。ここで分裂前の陽子数は、分裂後の二つの分裂片にある陽子数の和になっていなければならない。チェックしてみよう。

分裂前の陽子数 92 ＝ 分裂片1の持つ陽子数 56 ＋ 分裂片2の持つ陽子数 36

上辺イコール下辺となっているからちゃんと辻褄が合っている。

さて、ここで陽子数が原子名を決定することを思い出してほしい。分裂片1には陽子が五六個入っている。五六個の陽子のある原子はバリウムと呼ばれている。もうひとつの分裂片2には陽子が三六個入っている。これはクリプトンと呼ばれる原子である。結局、ウラン235が中性子一個を吸収して分裂を起こすと、バリウム原子の核（分裂片1）とクリプトン原子の核（分裂片2）に分裂するということになる。ところで中性子数のほうは辻褄が合っているだろうか。チェックしてみよう。

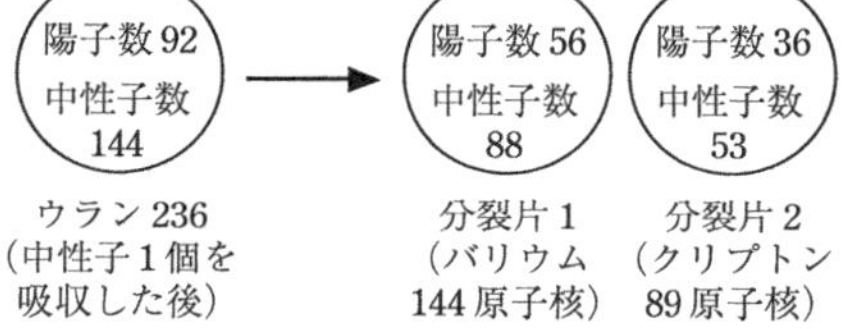

図6　ウラン235の分裂

ウラン236の中性子数 144 ≠ バリウム核の中性子数 88 ＋ クリプトン核の中性子数 53

上辺と下辺がイコールで結べない。下辺は中性子が三個足りなくなっている。分裂と同時に、三個の中性子が外に飛び出して行ってしまったのだ。**分裂から中性子が飛び出す**ことがどんな意味をもたらすのかは後でじっくりと説明する。

ところで中性子を吸収した後、核が分裂を起こす場合、その分裂の仕方は一通りではないのだ。右のウラン核の分裂の場合、分裂後に生成される分裂片は必ずしもバリウム核とクリプトン核であるとは限らない。同じ核が分裂する場合、色々と違った分裂の仕方をするのである。次のような分裂の仕方もある。

ウラン235（陽子数92、中性子数144）が中性子一個を吸収する → 分裂 → クセノン140（陽子数54、中性子数86）［分裂片1］ ＋ ストロンチウム94（陽子数38、中性子数56）［分裂片2］

同じウラン核が分裂を起こしても、このように分裂片はクセノンとストロンチウムになる場合もある。この場合、中性子二個が飛び出てくる。右の例ではストロンチウム94が生成されているがストロンチウム90が生成される場合もある。どんな分裂片ができるのかはむしろ確率的現象で、はっきりとは決まっていない。実際に分裂が起きてみないと、どんなタイプの分裂片が出てくるのか分からないのである。

図5に見られるように、ピーナッツ形になった二つの膨らみはどちらも電気的にプラスであるため、その間に大きな電気反発力が作用し、二つの破片（分裂片）になり、お互い

に反対方向に猛烈なスピードで吹っ飛んで行く。運動している物体はそのスピードの二乗に比例した運動エネルギーを持つ。スピードが大きいほど運動エネルギーも大きい。したがって分裂した後の分裂片は、大きな運動エネルギーを持つ。

例えば10^{24}個の核が核分裂を起こすと2×10^{24}個の分裂片が勝手気ままな方向に猛烈な勢いで吹っ飛んでいく。これら全部の分裂片の持つ運動エネルギーの総和はとてつもなく大きな値となる。この分裂片の運動エネルギーこそ原子爆弾のエネルギーのほとんどを担うことになる。この運動エネルギーの出所は分裂以前にすでに核内に貯えられていたエネルギーである。貯えられていたエネルギーが分裂によって外に吐き出されたのである。これが、なぜ核分裂から大きなエネルギーが放出されるかの説明である（このような概略的な説明では有名なアインシュタインの式、$E=mc^2$など持ち出す必要はない。なお、平和主義者のアインシュタインはルーズベルト大統領に手紙を書いた以外、アメリカの原子爆弾製造計画いわゆるマンハッタン計画には一切関与していない）。

核分裂連鎖反応

今ここに一キログラムの純粋なウランを用意する。一キログラムには約10^{24}個ほどのウラン核がある。数値10^{24}とは1の後に0が二四個並ぶ数を表す（一兆の一兆倍！）。それほど

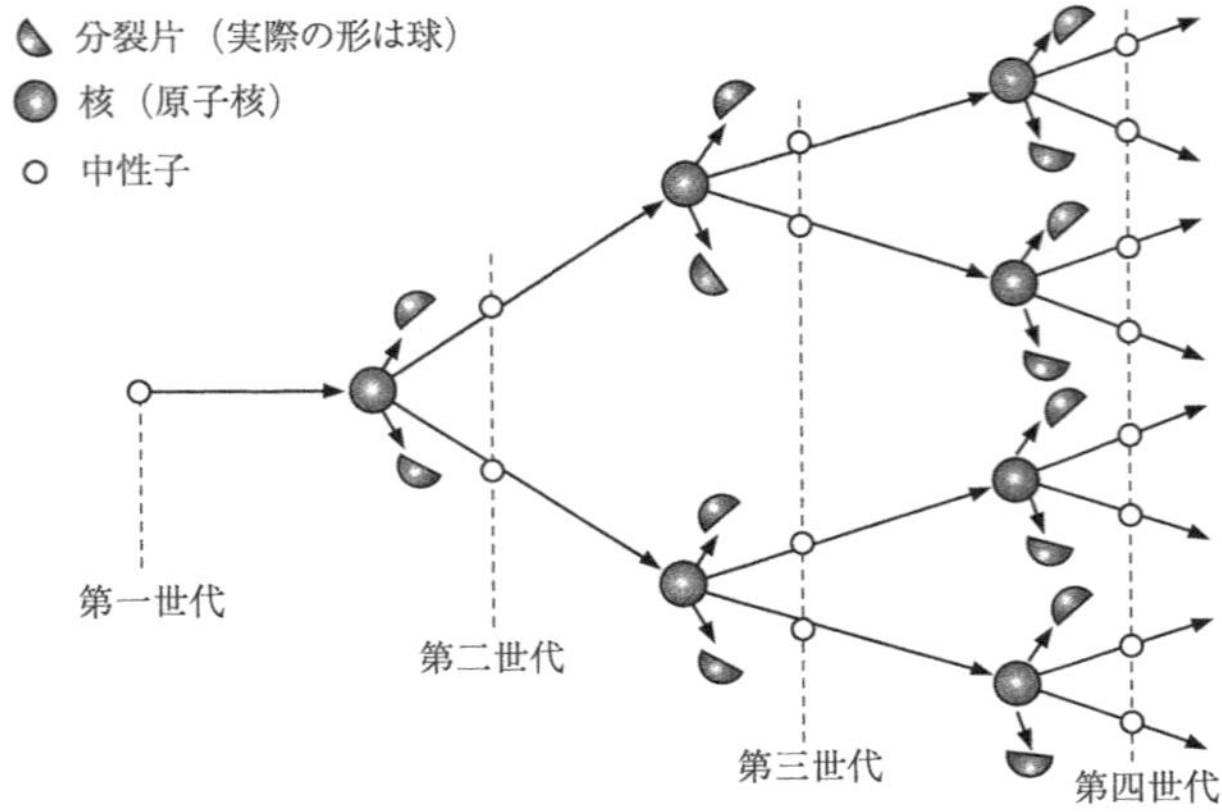

図７　核分裂連鎖反応

多くのウラン核があるのだ。この一キログラムのウラン元素にたった一個の中性子を外からぶつけてやる。たった一個の中性子だけれど、何しろ10^{24}個ほどもウラン核があるのだから、そのうちの一つに吸収されてもおかしくない。中性子を吸収したそのウラン核は分裂を起こし、その時二〜三個の中性子が放出される。分裂によって放出された中性子は、まだ分裂を起こしていない他のウラン核に吸収され、そのウラン核も分裂を起こし、そこから新たな中性子が放出される。これらの中性子はさらにまだ分裂を起こしていない他のウラン原子核に吸収され、……、核が中性子を吸収して次の核から次の核へと分裂が続く(図７)。

このようにして、核分裂は急速に広がって

いく。これが「核分裂連鎖反応」である。したがって10^{24}個ほどのウラン核全部に核分裂を起こさせるために、大量の中性子を用意する必要などない。

核分裂を起こすと同時に中性子が飛び出してくるというこの事実は、誰も予想していなかった。核の中にはすでに中性子が存在しているのだ。この中性子を利用すれば核分裂が起こる。この事実こそが原子爆弾を生み、そして原子力発電へと発展していったのである。読者の方々はどうかこの事実を簡単に「あ、そう」とうなずかないでほしい。核分裂から中性子が放出されない限り、原子爆弾も原子力発電も生まれなかった。筆者はこの事実を二一歳の時に知り、感動した。科学者というものはめったに起きないこの感動を求めて研究を続けているように思えてならない。

ところで、もし10^{24}個のウラン核全部が核分裂を起こすと、相当数の分裂片が生成されることになる。核分裂が一回起こるごとに平均二・五個の中性子が放出される。仮にそのうち二個が必ずウラン核に吸収されて核分裂を起こすとすると、一つの核分裂から二つの分裂が起こり、この二つの核分裂は四つの核分裂を起こし、四つの核分裂は八つの核分裂を起こし……というように、核分裂はねずみ算式に増えていく。これが核分裂連鎖反応の特徴だ。分裂片は猛烈な勢いであっちこっちに吹っ飛んでいく。

核分裂の数がねずみ算式に増えると、分裂片の数もねずみ算式に倍々に増える。各々の分裂片は猛烈なスピードで飛び回るので、分裂片の運動エネルギーの総和も莫大な量となる。原爆の場合、多数の分裂片の持つ運動エネルギーこそが熱の原因となる。

暴走する核分裂連鎖反応

一番最初に核分裂を起こす中性子のことを第一世代の中性子と言う。第一世代の中性子が次の核分裂を起こして、そこから出てくる中性子を第二世代の中性子と言い、以下第三世代、第四世代……と続く。図7のような反応をどんどん続けていくと、計算ではたった一個の中性子からスタートして、第三〇世代で核分裂を確実に起こさせる中性子の数は五億三六八七万九一二となる。

用意されたウランの塊の中にあるウラン核の数には限りがある。膨大な数ではあっても決して無限にあるわけではない（この世に無限大は存在しない。無限大はあくまで数学上の量である）。したがって連鎖反応が無限に続くはずはない。当然、最終世代というものが存在する。最終世代での核分裂の数は、すぐその前の世代における核分裂の数の倍である。原子爆弾の場合この最終世代数をできるだけ大きくすることが重要である。最終世代で最も多くの核分裂が起こるからだ。このようにねずみ算式に核分裂の回数が急速に増えていくと分裂の暴走となる。核爆弾にはこの「核分裂の暴走」が必要である。

ここで連鎖反応について一言。ガソリンを燃やすためには、ガソリンに四方八方から大量のマッチを使って火をつける必要はない。マッチ一本だけで、いったん火がつくとガソリンは燃え尽きるまで燃焼する。一ヵ所に火がつくと、そこの温度が上がって熱が生じ、その熱が隣に伝わってそこが燃え、その熱がさらに隣に伝わって、……熱伝導が連鎖反応する。これを核分裂連鎖反応と比較すると、マッチ一本が最初の一個の中性子に相当する。いったん核分裂が発生したら、すでに核の中に存在している中性子が飛び出してきて核分裂を持続させる。中性子を大量に外から用意する必要はない。

核分裂が暴走すると、当然、分裂片の数も急増する。一個一個の分裂片はものすごいスピードで飛び回る。分裂片全部の持つ運動エネルギーを足しあわせたらものすごい量の運動エネルギーとなる。この全運動エネルギーが熱の発生源となり、熱は猛烈な勢いで外に流れ出る（熱とは流れるものである）。さらに核分裂片の持つ平均運動エネルギーが温度として現れる。もし10^{24}個のウラン核全部が一瞬のうちに（一億分の一秒間に）核分裂を起こしたら、その温度は一〇〇〇万度以上となる。何でも熱すると膨張するが、一瞬のうちにこれほどまでに温度が上がると、すべては気体となり、ウラン元素はもとよりその周りの空気もいっぺんに膨張する。これが爆発現象である。しかし、これで原子爆弾の原理の話が終わったわけではない。

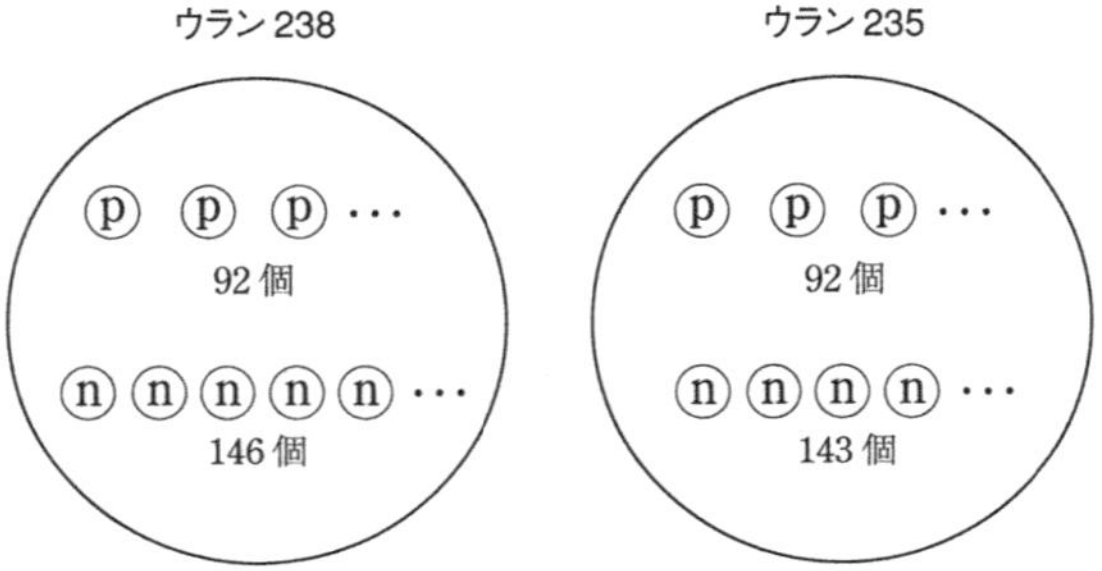

p＝陽子（proton）
n＝中性子（neutron）

図8　2種類のウラン核

落とし穴！

今までの話を聞いている限り原子爆弾は簡単そうに思える。しかし落とし穴があった。実はウラン鉱から採掘してくる天然ウランには二種類ある（実際は三種類だが原爆に関しては二種類と限定してもよい）。ウラン238とウラン235である。くり返すが、238や235は質量数を表す。どちらもウランで同じ元素であるから、原子番号（核内の陽子数）はともに92である。ということはウラン238核内には一四六個の中性子があり、一方ウラン235の核内には中性子が一四三個入っていることになる（図8）。

このように原子番号（陽子数）が同じで中性子数（あるいは質量数）が異なる元素を、アイソトープ（同位元素）と呼ぶことはすでに述べた。当然ながら質量数の大きいほうが重いから、ウラン

238はウラン235よりもわずかに重い。天然に存在しているウランは、主にこの二つのアイソトープである。そして天然ウランの実に九九・三%を重たいほうのウラン238が占め、軽いほうのウラン235は〇・七%しかない。落とし穴と言ったのは、核兵器（原子爆弾）に使えるのは僅か〇・七%しか含まれていないウラン235であったということだ。

ここで二つのウランを比較してみよう。

ウラン238：陽子数92、中性子数146
ウラン235：陽子数92、中性子数143

これから分かることは、重いほうのウラン238は陽子数も中性子数もどちらも偶数だということ。つまりウラン238は「陽子数偶数―中性子数偶数」の関係にある。一方、軽いほうのウラン235は「陽子数偶数―中性子数奇数」の関係だ。

濃縮ウラン

結局「偶数―奇数」の関係にあるウラン235のほうが、「偶数―偶数」の関係にあるウラン238よりも遥かに核分裂を起こしやすかったのである。天然ウランの大部分が原子爆弾に直接役に立たないウラン238である以上、ウラン鉱から採掘してきた天然ウランをそのまま使って原子爆弾を作ることはできない。では、どうするか。簡単だ。天然ウランの中のウラン235だけをウラン238から分離選別すればよい。簡単？　冗談じゃない。ウラン235もウラン238も同じウランである。化学的性質はまったく同じだから、化学的に分離するのは至難の業だ。

ウラン235はウラン238よりも軽い。この僅かな重さの違いを利用してウラン235を天然ウランから摘出するしかないのだが、これには極めて困難な技術的問題が伴うことが分かった（第四章で詳しく述べる）。

第二次世界大戦中、アメリカはマンハッタン計画の下、天然ウランの中のウラン235をウラン238から分離摘出するいくつかの方法を考え出した。「ガス拡散法」、「電磁分離法」、「遠心分離法」などである。第二次世界大戦中に最も活躍したのが「ガス拡散法」である。だがこの方法には大変な金がかかる（第二次世界大戦中は五億ドルかかった）。装置を作るだけでも膨大な金がかかる。それでもアメリカは「ガス拡散法」と「電磁分離法」を駆使して、一九四五年六月までに原爆に必要なウラン235を摘出した。それを使った原爆（リトル・ボーイと呼ばれた）が、同年八月六日、広島に投下されたのである。電磁分離法にせよガス拡散法にせよ、天然ウランから一度に一〇〇％純粋なウラン235を摘出するのは不可能である。ウラン235の含有率を徐々に大きくしていくしかない。ウラン235の含有率が大きいウランのことを「濃縮ウラン」と言っている。したがって含有率を「濃縮度」という言葉に置き換えてもよい。原子爆弾に使用するウランは、その濃縮度がかなり一〇〇%に近くなければならない。

爆弾になり得る最少量──臨界量

さて、仮に一〇〇%純粋なウラン235の塊を一キログラム用意できたとしよう。しかしそれに中性子をぶつけて核分裂反応を起こしたとしても、これは原爆にはならない。なぜか？　それは核分裂によって生じた中性子のなかには、ウラン核に吸収される前にウランの塊の外に逃げていってしまうものがあるからである（中性子漏れ）。また中性子がウラン核にぶつかったからといって、必ず吸収されるとは限らない。さらには実際問題として、一〇〇%純粋なウラン235を用意するのはかなり難しく、他の種類の原子が混じっていることがあり、中性子がそれらの核に吸収されても核分裂は起きない。このような場合、中性子は「無駄食いされた」と言う。

以上のような事情から、最初に連鎖反応が起きても、中性子の数に不足が生じると連鎖反応は最後まで持続しない。まだ分裂を起こしていない沢山のウラン核を残したまま途中で連鎖反応は終わってしまう。これでは爆弾にならない。また、濃縮度が一〇〇%以下のウランを使うと、それをカバーするためにウラン全体の量を大きくしなくてはならなくなる。ウランの塊の外に逃げていく中性子の数を最小限に食い止めるには、ウラン塊の表面積をできるだけ小さくすればよい。しかしできるだけ多くの核が分裂を起こすためには、核の数が多いほどよい。そのためには体積はできるだけ大きいほどよい。表面積が最小で体積が最大になるような形は、当然、球となる。つまり球形が外に逃げていく中性子の数を最小限に押さえる。

核分裂連鎖反応が最後まで持続するのに必要な最少のウランの量を「臨界量」と言う。臨界量以下の場合は「臨界未満」と言っている。また逆に臨界量以上の場合は「超臨界」と言っている。原子爆弾では、ウランの量を超臨界になるようにしなくてはならない。

球形のウラン塊の周囲を中性子が外に逃げ出さないように何かで覆いかぶせておけば、そのぶん臨界量を小さくできる。この〝覆い〟のことをタンパーと言っている。「臨界量」はウラン235の濃縮度、設計の仕方、タンパー、爆弾の容器などに左右されるが、五キログラムから一五キログラムの間とされている。

ところで「原子爆弾」は当を得た呼び名ではない。今までの説明から分かるように爆発(核分裂連鎖反応)を起こすのは核なので「核爆弾」と称されるべきである。核爆弾を弾道ミサイルに取り付けたものが、いわゆる「核兵器」である。

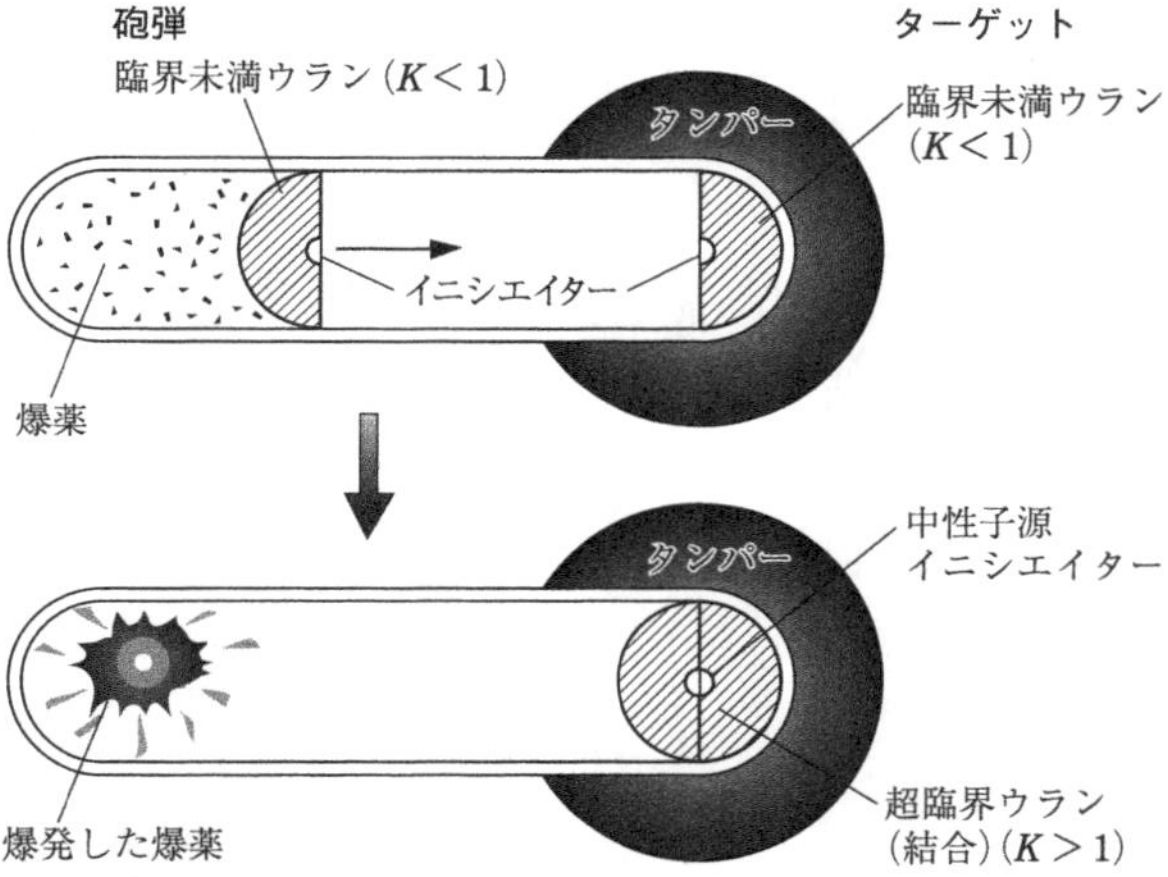

図9　ガン式ウラン爆弾

ウラン爆弾の組み立て

一九四五年八月六日午前八時一五分、人類史上初めて、人間の住む都市にまともに原子爆弾が投下された（事情がどうであろうと、こんなことは絶対に許されるべきではない）。どのような「効果」があったのかを知るには、広島市の平和記念公園にある「原爆資料館」を訪れてみるのがよい。核爆弾がどのような効果をもたらすのかは後述する。

広島に投下された原爆は濃縮ウランを用いたウラン核爆弾である。これはまず臨界未満の濃縮ウランの塊を二つ用意する。一つ一つは臨界未満であっても、二つ一緒にすると超臨界になるようになっている。

この臨界未満の塊の中に、少しばかり中性子を放出する装置が備わっている（イニシエイターと呼ばれる）。二つの臨界未満の塊は細長い円筒の両端に備え付ける。一つの塊を一方の端に固定し（これをターゲットと言っている）、もうひとつの塊（砲弾と言う）を、他方の端から固定されている塊（ターゲット）めがけて勢いよくぶつけてやるのである。

砲弾となる臨界未満のウラン塊は、爆薬を爆破させることによって勢いをつける。二つの塊がぶつかった瞬間、合体した塊は圧縮されて一挙に超臨界に達する。合体した瞬間にイニシエイターから中性子がどっと噴き出すので、超臨界に達したウランの合体はたちどころに分裂連鎖反応を起こす。連鎖反応によって分裂が一億分の一秒の間に10^{25}回起こると2×10^{25}個の分裂片が生じ、これらの分裂片の持つ運動エネルギーの総和は膨大なものとなる。このエネルギーは熱となって外に流れ出す。この運動エネルギーの平均値が温度となり、それは瞬間的に一〇〇〇万度に達する。一億分の一秒の間に一〇〇〇万度になった爆弾は一挙に気体となり、爆弾はもとよりその周囲の空気もあっという間もなく大きく膨張する。これが爆発現象に他ならない。当然、強烈な爆風を引き起こし、いわゆる衝撃波が生ずる。この衝撃波が建物や家屋をなぎ倒す。爆発の瞬間温度が一〇〇〇万度になると、その周囲の温度は一〇〇〇万度に比べると桁違いに低いので（高くてもせいぜい四〇度前後）熱は周囲に急速に流れ、温度も急速に下がる。

電磁波とは何か

強烈な衝撃波も核爆弾の特徴の一つだが、特徴は他にもある。その前に、まず「電磁波」について説明しなくてはならない。何にせよ専門用語の説明は難しいが、電磁波の説明も例外ではない。まず「電荷」から説明する。

今まで「電荷」という言葉を極力控えてきたがどうやら避けて通れないようだ。電荷の「電」は明らかに電気を指すが、「荷」は力の源という意味である。この場合「荷」は電気力の元という意味になる。英語では荷は「チャージ（charge）」と言っている。電気モーターや、その他電気仕掛けで動くものは、すべて「電気力」に基づいている。もっと詳しく言うと、電気力の元は電荷であり、電荷は多いとか少ないとかというように量で表される。電荷が多いと当然電気力も強くなるし、電荷が少ないと電気力は弱くなる。ある物体が電気を帯びているということは、その物体が電荷を有していることを意味する。

二つの物体があって二つとも電荷を有していると、この二つの物体の間に電気力が働く。電気力には二種類あることはすでに述べた。すなわち「引力」と「斥力あるいは反発力」である。この二種類の電気力を説明するためには、電荷にも二種類なければならなくなる。プラスの電荷とマイナスの電荷である。プラス同士あるいはマイナス同士の電荷の間には電気斥力が働き、異符号の電荷の間には、お互いに相手の電荷を自分のほうに引っ張り込もうとする引力が働く。

原子の構成要素である電子と陽子も電荷を持っている。電子はマイナスの電荷であり、陽子はプラスの電荷である。プラスとマイナスの符号を考慮しなければ「電子の電荷」と「陽子の電荷」とはまったく等しい。

電荷は電子や陽子などの物質粒子の中に存在し、電荷だけを物質粒子から取り出すことはできない。電荷は宿借りみたいに必ず物質に「寄生」している。電子や陽子の持つ電荷(電荷の量)は電気力の測定によって決められる。電子や陽子の電荷がどうして測定された値になっているのかについては、「人間原理」に訴えるほかない。もし電子や陽子が電荷を持っていないとすると、電気力がなくなってしまうので、いかなる原子も形成されないことになり、したがって人間も発生しなかったことになる。現在のところ、究極的な意味で「電荷とは何か」は分かっていない。

これだけ準備をしてやっと「電磁波」の話ができる。電磁波は、電荷が加速されたり減速されたりすると、その周りの空間に発せられるものである。じっとしている(静止している)か、あるいは加速も減速もせず一定の速度で走っている電荷からは電磁波は発生しない。電子は陽子などよりも極めて軽い粒子なので、電子を加速させたり減速させたりすることは簡単だ。電子は(マイナスの)電荷を有しているので、電子が加速したり減速したりすると、電子の持つ電荷から電磁波が空間に向けて放出される。

もし電子がある一定距離（例えば一メートルとか一センチとか）の間を往復運動すると、それは加速と減速の繰り返しになる。電子が折り返し点に近づく時は減速され、折り返し点から離れていく時は加速されるからである。したがって電子が往復運動すると、電子から空間に向かって電磁波が発生する。往復運動は「振動現象」にほかならない。つまり電子が振動すると、電子から（電荷から）電磁波が発生するのである。テレビ局や放送局のアンテナ内では、多数の電子が往復運動（加速減速）しているので、外に向かって電磁波（電波）が発せられるのである。電荷のない所からは電磁波は発生しない。このように電荷と電磁波は切っても切れない関係にある。

電磁波は「波」である。波とは「振動」が次々と伝わっていく現象である。電荷が振動すると、その周りの空間に電磁波が伝わっていく。振動現象には早く振動するものもあれば、ゆっくり振動するものもある。そこでどのくらい早く振動するのかを表すために「一秒間に何回振動するか」を計り、一秒間当たりの振動の回数のことを「振動数」あるいは「周波数」と定義する。振動数と周波数はまったく同じ意味だが、物理学ではもっぱら「振動数」を使っている。

電磁波は振動数の違いによって分類することができる。振動数によって電磁波は独特の名前が付けられている。それらは振動数の少ない順に次のように分類されている。

ラジオ電波、マイクロウエーヴ、熱線（赤外線）、可視光線、紫外線、X線、ガンマ線

下に行くにしたがって振動数は増える（速く振動する）。これらはすべて電磁波であって、ただ違うのはそれぞれが異なった振動数で振動していることである。

一九世紀後半、スコットランドのマックスウエルという物理学者は、振動数に関係なく、すべての電磁波は光の速さ（一秒間に赤道の周りを七回り半する）で伝わることを発見した。このことから、マックスウエルは光は電磁波に他ならないと結論したのである。もし「光とは何ですか？」と質問されたら、「光とは目に直接感ずる電磁波である」と答えればよい。人間の目の神経組織は、光以外の電磁波を感じ取れないような構造になっている。

原爆から電磁波が発生する

電磁波の一つの大きな特徴は、空気中のみならず真空中を伝わるということである。もうひとつの電磁波の特徴は、物質の振動ではないということだ。したがって電磁波は重さを持っていない。電磁波の重さは正確にゼロである。電磁波は物質粒子（電子、陽子、中性子など）からできているのではない。ちなみに電磁波である光は物体ではないので、光の重さは正確にゼロである。なぜなら、真空空間が光で満たされていても、その空間はやはり真空だからである。電荷というものは物質粒子に付随してしか存在できないことを考えると、電磁波は電荷も有していないことになる。電荷が振動するとその電荷から電磁波が放出されるが、それでも電磁波は電気を帯びていないのである。およそ波というものは必ず何かが振動していて、その振動が伝わっていく現象をいう。それでは、電磁波は一体何が振動しているのかといえば、電場と磁場が振動している（これ以上詳しい電磁波の話は、例えば拙著『光と電気のからくり』講談社ブルーバックスB1259を参照のこと）。

電荷が振動するとその電荷から電磁波が発生すると言ったが、電磁波は原子からも発せられる。原子の構造はすでに話したように、中心に重い核があって、その周りをいくつかの電子（電荷）が回っているというものだ。この「軌道電子」から電磁波が発生するのである（原子から電磁波が発生するメカニズムは量子力学に訴えなければどうにも説明のしようがないので、興味のある方は拙著『量子力学のからくり』講談社ブルーバックスB1415を参照のこと）。

電磁波はエネルギーを持っている。そのエネルギーの量は振動数に比例し、振動数が高いほど（速く振動するほど）電磁波のエネルギーは大きくなる。振動数の高い紫外線、X線、ガンマ線などは大きなエネルギーを持っている。紫外線によって皮膚が焼けるのは、紫外線の持つエネルギーが大きいからである。

原子爆弾が炸裂すると多数の分裂片が飛び出る。すでに説明したように、分裂片はウラン核の半分ぐらいの核である。陽子はプラスの電荷を有し、中性子全体の電荷はゼロだから、いかなる核もプラスの電荷を有している。このプラス電荷を持つ多数の分裂片が飛び回ると、まわりの空気分子に勢いよくぶつかる。空気分子は主に二つの原子が電気力によって結び付けられている。分裂片が空気分子にぶつかると分子は壊れて原子に分解する。空気の原子は分裂片によって持ち込まれた運動エネルギーを吸収し、電磁波を発生する。

この結果、相当数の原子からいろいろな（振動数の異なる）電磁波が発せられるが、その中には熱線（赤外線）、可視光線、紫外線、X線などが含まれている。原子爆弾の炸裂により、膨大な数の原子からこのような電磁波が一瞬のうちに発せられるので、光の量は莫大となり強烈な光、いわゆる「閃光」となる。炸裂時にピカッと強烈に光るのはこのためである。また多数の分裂片（プラスの電荷）が勢いよく飛び回り、分裂片同士の衝突、分裂片と空気分子との衝突を繰り返す。このような状態でプラスの電荷を持つ分裂片は加速減速を繰り返す。こうしておびただしい量の電磁波が発せられるのである。電磁波はエネルギーを持つので、人体に当たると人体はそのエネルギーを吸収して皮膚や細胞が侵される。特に熱線は皮膚を焼く。被爆者の皮膚が焼け落ち、全身にケロイドを負ったのはこのためだ。

アルファ崩壊

次に放射線について解説する。原子爆弾が炸裂すると空中に放射線が発散される。重要なテーマだが、これまた説明は容易ではない。少し原爆から離れて、一から説明することにしたい。放射線には次の四種類がある。順を追って説明していくのでじっくりと読んでいただきたい。

1．アルファ線、2．ベータ線、3．ガンマ線、4．中性子線

まずアルファ線から説明する。アルファ線は粒子の流れである。一つ一つの粒子はアルファ粒子と呼ばれ、それは陽子二個と中性子二個ががっちりと核力によって結ばれて構成されている。したがって**アルファ粒子はヘリウム核に他ならない**。歴史的に見てアルファ線が発見された時はまだ「核」というものがよく分かっておらず、後になってヘリウム核であることが判明したのである。詳しい理論は省略するが、陽子二個と中性子二個という組み合わせは、特に核力が強力に働くようになっているため、ヘリウム核（アルファ粒子）は極めて安定で、ちょっとやそっとでは壊れることはない。ウラン核のような重い核ほど不安定になっている。

不安定な重い核は、もっと安定になるためにいくつかの陽子や中性子を核の外に追い出

そうとする傾向が強い。重い核の中には陽子も中性子も多くあるから、その中で二個の陽子と二個の中性子が特に強く結び付けられてヘリウム核のようになっている可能性がある。すると核は安定になろうとして陽子二個と中性子二個を一緒にしたまま外に追い出してしまうことがある。追い出された陽子二個と中性子二個はアルファ粒子（ヘリウム核）として現れる。

アルファ粒子を外に追い出した核は、当然その分だけ軽くなる。重い核がアルファ粒子を外に追い出すと陽子二個と中性子二個を失う。ここでまた「原子名は陽子の数だけで決定される」ということを思い出してほしい。陽子数が変ると原子名も変ってしまう。ウラン238（陽子数九二、中性子数一四六）はアルファ粒子を放出する。放出した後は陽子数九〇となる。これはもはやウランではなく、まったく別種のトリウムという原子である。つまりアルファ粒子を放出することによって、ウランがトリウムという核に変ってしまうのだ。

核がアルファ粒子を放出する現象は、核の「**アルファ崩壊**」と呼ばれている。

さてここでウラン238を一キログラム用意しよう。一キログラムの中にはウラン核が10^{24}個ほどある。この膨大な数のウラン核全部がアルファ粒子を放出すると、同じく10^{24}個のアルファ粒子が放出され、残った物体は完全にトリウムという元素に変ってしまう。これは言わば、りんご一個が完全にミカンに変ってしまったようなものである。

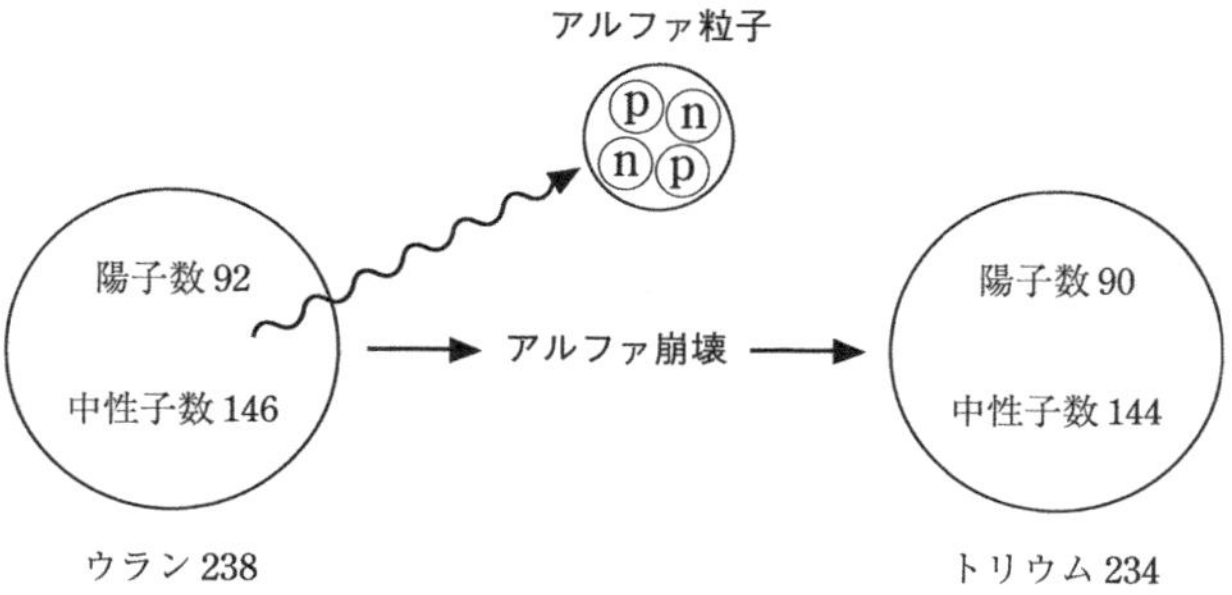

図10　アルファ崩壊

ところがである。10^{24}個の核が全部いっぺんにアルファ粒子を放出することはないのである。ある特定のウラン核に目を付けて、そのウラン核が一体いつアルファ粒子を放出するのかをジーッと見守る。今すぐにでもアルファ粒子を放出するかもしれないし、今から一時間後かもしれない、あるいは三日後に放出するかもしれない。場合によっては一〇〇年後、いや一億年後かもしれない（決して大袈裟に言っているわけではない）。要するに我々人間には一体いつその核がアルファ粒子を放出するのかさっぱり分からないのである。まったく同じことが10^{24}個のどのウラン核についても言える。このように一個の核がアルファ粒子をいつ放出するのかはまったく確率的な事象となる（量子力学という物理学理論からこの確率は計算できる）。

かような理由で10^{24}個のウラン核全部が同時にアルファ粒子を放出することはまずあり得ない。結局、一キログラムのウラン238ゆっくりは時間をかけて連続的にアルファ粒子を放出することになるのである。四方八方に放射された多数のアルファ粒子は、**アルファ線**と呼ばれている。アルファ線は「放射線」の一種である。

アルファ線は電気的に強く反応する

個々のウラン238核がアルファ粒子（ヘリウム原子核）を放出した後は、まったく異なった核（この場合トリウム）に変ってしまうのだから、時間が経つにつれてウラン238の核の数は段々減少していく（その代わりトリウム原子が増えていく）。ウラン238の核の数が一番最初の半分に減るまでの時間のことを「**半減期**（half life）」という。ウラン238半減期はなんと四五億年である。四五億年は地球の年齢にほぼ等しい。なお、この値は最初用意したウラン238の量とは関係ない。また、半減期四五億年というのはウラン238に対しての値であって、半減期は元素の種類によって異なる。

アルファ線を形成するアルファ粒子は他の放射線と比べると重いので、一つ一つのアルファ粒子は核から放射されたあと直進する。また二個の陽子を含んでいて電荷も大きいため、物質に当たると電気的に強く反応する。つまりアルファ粒子は物質を構成する原子と活発に反応するのである。例えばアルファ線を薄い紙にぶつけてやると紙分子と強く電気的に反応するため、その紙を通り抜けてアルファ粒子が出てくることはない。アルファ線は紙切れ一枚でも遮蔽できる。

アルファ線が空気中に放射された場合、人間はアルファ粒子を空気と一緒に吸い込んでしまう。アルファ粒子は肺の細胞で激しく電気的に反応を起こすので、吸い込まれたアルファ線は肺でストップする。しかもアルファ粒子は肺の細胞と激しく反応を起こすので肺の細胞が侵され、肺ガンを起こす確率が非常に高くなる。

中性子のベータ崩壊

次にベータ線の話に移ろう。

原子核がめったなことで壊れないように、核内にある陽子の数と中性子の数の「安定比」というものが自然に現れた。中性子または陽子がこの安定比からずれるほど多くあったりすると、その核は不安定となる。中性子が多すぎる場合、核は安定しようとして中性子数を減らそうとする。

しかしここに大変微妙なことが生ずる。中性子数が大きすぎる核は、そのうちの中性子一個が陽子に変ってしまうのである。この理論は大変難しく、理論が確立されるまでは物理学者達を相当に悩ませた。アルファ粒子放出の場合は、中性子が陽子に変ったりあるいは陽子が中性子に変ったりすることなど起きていない。ところが、核の種類によっては中性子過剰気味の場合、核の中の一個の中性子（どの中性子かは分からない）が陽子に変り、その際に電子一個と反ニュートリノ一個が放出されるのである。いま、陽子をｐ（proton）、中性子をｎ（neutron）、電子をｅ（electron）、そして反ニュートリノを$\bar{\nu}$として表すと、この中性子が陽子に変ってしまうプロセスを次のように表すことができる。

$$n \longrightarrow p + e + \bar{\nu}$$

中性子　陽子　電子　反ニュートリノ

矢印は中性子が三つの粒子（陽子、電子、反ニュートリノ）に変ってしまうことを表し、またプラス記号は中性子が変化した後、三つの粒子が発生するという意味で、必ずしも三つの粒子を足し合わせるという意味ではない。繰り返すと、中性子が陽子に変る際、電子と反ニュートリノと称される粒子が飛び出してくる。これは一種の反応であり、専門的には素粒子反応と言って化学反応と区別している。

このような場合、中性子が崩壊するという。つまり一個の中性子が陽子、電子、そして反ニュートリノに「崩壊」してしまうのだが、これを「**中性子のベータ崩壊**」と呼ぶ。崩壊には「変化」という意味も含まれている。

さて、いま「反ニュートリノ」などという粒子を引っ張り出してきたが、「一体なんじゃ、それは？」と言われそうだ。可能な限りやさしく説明してみる。

先の表示では等号ではなく矢印を使ってある。上辺の状態が下辺の状態に変るということを強調するためである。しかし物理量（電荷量やエネルギーなど）に関する限り、矢印の上側全体の物理量は矢印の下側全体の物理量に等しくなっている。したがって両辺の電荷量は等しくなっていなければならない（これは電荷保存の法則という自然の摂理あるいは自然の法則に基づいている）。

仮に今、反ニュートリノなどという得体の知れぬ粒子はないものとし、陽子と電子しかないものとしてみる。つまり、中性子が陽子に変る際、電子だけが放出されるものとする。

$$n \longrightarrow p + e$$

中性子（電荷ゼロ）　陽子（プラス電荷）　電子（マイナス電荷）

このように表示すると上辺には中性子しかないので電荷量はゼロである。したがって下辺全体の電荷量もゼロでなければならない。下辺には陽子と電子がある。陽子の電荷と電子の電荷は等しいが、符号がお互いに逆である。プラスとマイナスが相殺されて全電荷はゼロとなる。つまり、中性子が陽子に変る前の電荷と、中性子が陽子と電子に変った後の総電荷は等しい。これだと反ニュートリノなどという粒子が放出される余地はない。

ニュートリノの役割

さて「エネルギー保存の法則」という自然の法則は、「**いかなる反応も、反応前の全エネルギーの量は反応後の全エネルギーの量とまったく等しい**」というものである。しかしなぜそうなのかは証明がない(ネーターの理論というのがあるが、それは究極の証明を与えない)。

ここでの「反応」はベータ崩壊だから、もし反ニュートリノがないものとすると、

中性子の持つ全エネルギー＝陽子の持つエネルギー＋電子の持つエネルギー

(崩壊前)　　　　　　　　　　　(崩壊後)

という等式が、何がなんでも成り立たなければならないのである。ところが、何らかの粒子を仮定しない限り、この等式は成り立たない。下辺のエネルギーの総和は上辺のエネルギーより小さくなっているのである。

結局、下辺(陽子と電子)の全電荷量には何の不足もないが(両辺ともに全電荷量はゼロ)、エネルギーは下辺に不足が生じている。だから両辺のエネルギーが等しくなるためには、

電子の他に何か別の粒子が一緒に放出され、その粒子が不足分のエネルギーを運ぶと考えるしかない。この考えに基づいて想定された粒子は、ニュートリノと命名された。

しかし、その後の理論の発展から、下辺に現れなければならないのはニュートリノではなくその反粒子（符号が逆の粒子）である、反ニュートリノでなければならないことが分かった。こうして下辺に反ニュートリノを持ってくると、反ニュートリノが不足分のエネルギーを補うことになり、崩壊前（中性子のみ）の全エネルギーは崩壊後に発生する粒子（陽子、電子、反ニュートリノ）の全エネルギーに等しくなる。というよりも、エネルギー保存則という自然の掟にかなうように、反ニュートリノが出てくるのである。しかし反ニュートリノが出てこなくても、「電荷の保存則」は満足しているので、反ニュートリノは電荷を持たず電気的に中性な粒子となる。

以上をまとめると次のように表される。

1．エネルギー保存の法則

中性子の持つエネルギー ＝ 陽子の持つエネルギー ＋ 電子の持つエネルギー ＋ 反ニュートリノの持つエネルギー

（崩壊前の全エネルギー）（崩壊後の全エネルギー）

この等式で下辺のプラス記号（＋）は文字どおり「足し算」を表し、下辺から反ニュートリノを取り去ってしまうと等式は成り立たなくなる。

2. 電荷保存の法則

陽子の電荷と電子の電荷は等しく、符号がお互いに逆。そこで分かりやすくするために陽子の電荷を（＋1）とすると電子の電荷は（－1）となるから、

中性子の電荷（0）＝陽子の電荷（＋1）＋電子の電荷（－1）＋反ニュートリノの電荷（0）

崩壊前の全電荷はゼロ　　崩壊後の全電荷もゼロ

地球を楽々貫通

このようにもし反ニュートリノという粒子が先の反応に現れないと、自然の掟（エネルギー保存の法則）を破ってしまう。そこでオーストリア生まれのスイスのヴォルフガング・パウリという物理学者が一九三一年に理論的に反ニュートリノの存在を予言したのだが、検出はされなかった。反ニュートリノ（及びニュートリノ）は極めて軽いうえに電荷を持っていないので、地球を楽々貫通してしまうくらいなのである。当然、検出器など素通り

してしまって、検出器はニュートリノに対して何の反応も示さなかった。

しかし予言から二六年たって、とうとう反ニュートリノは原子炉の中で検出された。第三章で詳しく説明するが、原子炉の中には核が分裂して生ずる大量の分裂片がある。それらの分裂片の中にある中性子がベータ崩壊して陽子に変り、電子と反ニュートリノを出している。原子炉の中では大量の反ニュートリノが発生しており、まさに「反ニュートリノの宝庫」となっているのである。反ニュートリノなしに、原子炉は語れない。しかし反ニュートリノは地球を貫通してしまうくらい物質と反応しにくいので、原子炉の外に相当数漏れ出す。もちろん人体などの細胞と反応するはずもなく、人体に対してはまったく無害と言ってもよい。反ニュートリノを遮蔽するのは事実上できないが、できなくても何の問題も生じない。

なぜ中性子が陽子に変るのか

ここで読者が抱かれているであろう最も大きな疑問は、「なぜ中性子が陽子に変るのか?」ということだろう。この質問に答えるのは大変難しいが、逃げずにできる限りやさしく説明してみよう。そのためにはWボゾンと称する粒子を持ってこなければならない。まず最初に中性子が、マイナス電荷を持つWボゾンという粒子と陽子との二つに崩壊し、

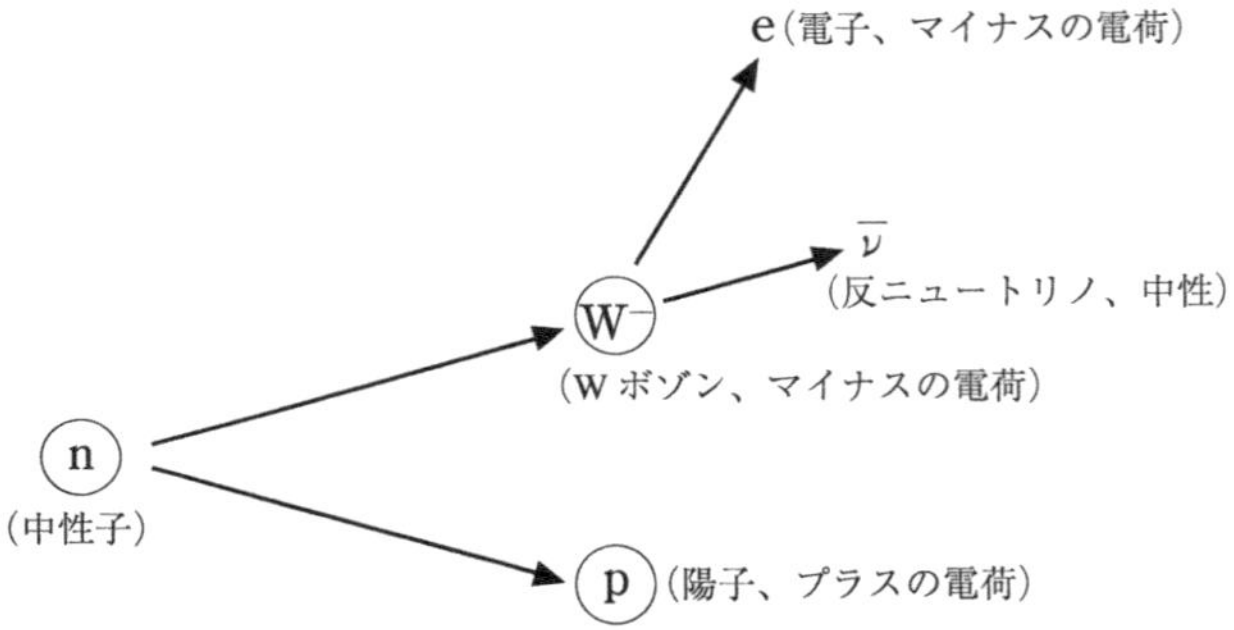

1. まず中性子ⓝが陽子ⓟとマイナス電荷を持つW^-ボゾンとの二つの粒子に「崩壊」する
2. 次にW^-ボゾンは電子と反ニュートリノに「崩壊」する

図11　なぜ中性子が陽子に変るのか

Wボゾンはさらに電子と反ニュートリノに変るのである（図11）。Wボゾンは粒子をまったく違う粒子に変える役目をする。

　このようにWボゾン（他にZボゾンという粒子もある）を媒介にして、中性子が陽子に変ってしまうのである。中性子に限らず、ある粒子（厳密には構造を持たない素粒子）からWボゾンが発生すると、その粒子は必ず別種の粒子に変ってしまうのだ。このようにWボゾンを媒介にして粒子変換が起こる過程は、「弱い相互作用」と呼ばれている。なぜ「弱い」のかというと、なかなか起こりにくい作用だからである。この他にも「強い相互作用」や「電磁相互作用」などがある。さらに、ここで発生した電子も反ニュートリノも中性子の中に存在しているものではないので、Wボゾンから文字どおり発生（創生）するのである（詳しくは拙著『はたして神は左利きか？』講談社ブルーバックスB1343を参照のこと）。しかし、発生したWボゾンはそのままでは存在できず、電子と反ニュートリノに崩壊してしまう。

では、どうしてニュートリノではなく「反ニュートリノ」でなければならないのかというと……ウーン、これは本書のレベルで説明するのは難しい。いや、レベルを高くしても難しい。「粒子」とその「反粒子」の顕著な差異は、電荷の符号が逆になっていることである。例えば電子の電荷はマイナス電荷であるが電子の反粒子（陽電子と命名されている）はプラスの電荷を持っている。ところがニュートリノは電荷を持っていない（プラスでもマイナスでもなく電荷ゼロ）ので、電荷ゼロの反粒子など考えられないはずなのだが、反ニュートリノを持ち込まないと理論的な整合が得られない。筆者が知る限り、現在でもニュートリノと反ニュートリノの違いはよく分かっていない（もしまったく区別しようがないという場合には、反ニュートリノ＝ニュートリノとなり、区別の付かないニュートリノを「マヨラナ・ニュートリノ」と呼んでいる）。

二〇〇二年度のノーベル物理学賞が、日本の小柴昌俊博士に授与されたことは御存知であろう。小柴博士はニュートリノの研究が評価されてノーベル賞を受賞した。星の内部では逆の反応が起こり、陽子が中性子に変る。その際、反ニュートリノではなくニュートリノが放出される。星が大爆発を起こして死ぬ時（超新星爆発という）、大量のニュートリノを撒き散らす。今から一六万年前、大マゼラン星雲にある星が大爆発を起こした。その時放出された大量のニュートリノの一部が今頃（一九八七年）になってやっと地球に到達し、それが岐阜県神岡鉱山の地下に建設されたカミオカンデというニュートリノ検出器で検出されたのである。当時はまだカミオカンデと呼ばれ、その後改良され大型になって現在ではスーパーカミオカンデとなっている。カミオカンデのオリジナルな設計建設は小柴博士による。

ニュートリノも反ニュートリノもその重さは測定不可能なほど軽い。電子よりも遥かに軽い。一四〇億年前に宇宙がビッグバンによって発生した時も大量のニュートリノが発生した。その時のニュートリノが、驚くなかれ現在でも宇宙に観測されているのである（物質と反応を起こさず現在にまで生き残っている）。物質と非常に反応しにくいニュートリノは（反ニュートリノも）地球の一つや二つ楽々貫通してしまうと言ったが、物質と極めて反応しにくいということは、ニュートリノは一般には人間生活に直接かかわり合うことはないので、存在していないのに等しい。だから反ニュートリノは完全に無視しても差し支えない。本書ではこれ以降無視することにする。

ベータ崩壊とベータ線

反ニュートリノを無視すると、中性子は電子を放出して陽子に変ってしまうということになる(実際は電子は創生される)。核の中の中性子一個が陽子に変ってしまうと、その核内では陽子が一個増え、中性子一個が減ることになる。この放出された電子は昔はベータ粒子と呼ばれた。後になってベータ粒子は電子そのものであることが分かったのである。核がベータ粒子(電子)を放出して核内の中性子一個が陽子に変る現象は「核のベータ崩壊」として知られている。中性子のベータ崩壊も核のベータ崩壊も、中性子が陽子に変ってしまうことには変りがないので、一般に「ベータ崩壊」という。

例えば炭素元素には炭素14というアイソトープがある。その炭素核は陽子六個と中性子八個とから構成されており(質量数一四)、ベータ崩壊する。八個の中性子のうちの一個が陽子に変り、電子が飛び出てくる。その結果、陽子は一個増えて陽子数は七となり、中性子は一個減ってこれまた七となる。中性子数はいくつでも、陽子数七は窒素元素の核である。つまり炭素がベータ崩壊すると窒素に変ってしまうのである(炭素と窒素は似ても似つかぬ全然違う元素である!)。次ページの図12では(約束したように)反ニュートリノが省かれている。この例ではベータ崩壊する質量数一四の炭素アイソトープを持ち出したが、人体などを構成している普通の炭素の質量数は一二で、ベータ崩壊はしない。ベータ崩壊する

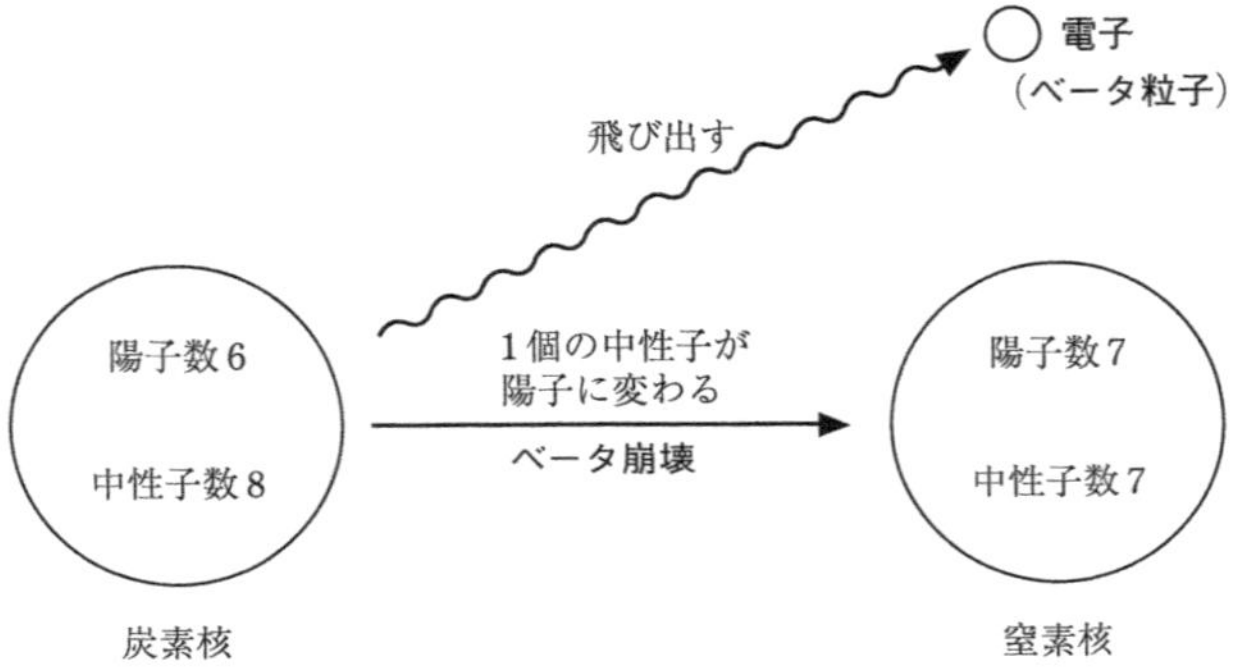

図12　炭素のベータ崩壊

炭素としない炭素があるのだ。

中性子過剰気味の核にベータ崩壊が起こると、ベータ粒子（電子）が放出されて中性子一個が減り、その代わり陽子一個が増える。陽子の数が原子名を決定するのであるから、陽子の数が一個増えるとその核はまったく別種の核に変容してしまう。そして崩壊前の全電荷の量と崩壊後の全電荷の量が等しくならねばならないので、電子（ベータ粒子）が飛び出してくるということになる。

ここで一応断っておくが、先に紹介した「アルファ崩壊」といま論じている「ベータ崩壊」とはまるで違う。核のアルファ崩壊では中性子が陽子に変るなどという現象は起きていない。核がアルファ崩壊すると、核の中の陽子二つと中性子二つが核力によって固く結び付けられたまま核の外に飛び出してくる。この飛び出た粒子（陽子二個＋中性子二個）がアルファ粒子である。したがってアルファ崩壊ではもともと核の中にあった粒子がそのまま外に出たにすぎない。一方、ベータ崩壊においては中性子が陽子に化ける。

まだベータ崩壊の話は続く。ここで例によってベータ崩壊を起こす物体を一キログラム用意する。一キログラムには10^{24}個ほどの核が入っている。アルファ崩壊と同じように10^{24}個の核全部が一度にベータ崩壊を起こすことはない。ベータ崩壊も時間をかけて起こる。つまりどの中性子でもかまわないが、その中性子が陽子に変ってしまう〝その瞬間〟は確率的に起こるということである。それが今から一〇〇分の一秒後か、五分後か、三日後か、……は中性子によってまちまちである。であるから、10^{24}個全部がベータ崩壊するには時間がかかる。さらに、核一個がベータ崩壊を起こすたびに一個の電子（ベータ粒子）が飛び出してくる。

一キログラムの物体中の10^{24}個の核が時間をかけてベータ崩壊して、はじめの数の半分に減るまでの時間（減ると言っても別種の核に変るのだが）のことをベータ崩壊に対する半減期という。この半減期も元素の種類によって異なる。短いものは数秒の半減期である。

一キログラムの塊がベータ崩壊を起こすと沢山の電子が飛び出してくる。これらの電子は「**ベータ線**」と呼ばれる。ベータ線は電子の流れである。ベータ線も放射線の一種となる。ベータ線を形成しているのは電子だが、電子の電荷はアルファ粒子のちょうど半分で極めて軽い。アルファ粒子ほど活発に物質原子と反応を起こすことはないので、物質に当たっても簡単にストップすることはないし、仮に反応を起こしても生き残り、まだ物質内を突き進む。

とは言っても、電子(ベータ粒子)は電荷を持っているので、細胞を形成している原子の電子と電気的に反応し(電子と電子の反応)、原子の電子はもぎ取られてしまう(原子はイオン化されたという)。その結果、細胞の構成が変ってしまいガン細胞になる可能性が十分にある。

ガンマ崩壊のしくみ

次にガンマ線について説明しよう。先にみたように、ガンマ線は振動数の高い(速く振動する)電磁波である。ガンマ線も核から放出される。電磁波は物質ではない。ということは電磁波は重さのある粒子(物質粒子)からできているのではない。したがって電磁波は電荷も有してはいない(電気的に中性)。しかし電磁波はエネルギーを持っている。ガンマ線は大きなエネルギーを持つ電磁波である。

ガンマ線は物質ではないから核からガンマ線が放射されても核内の陽子数や中性子数は何の変化も受けず、核が別種の核に変化するといったことはない。ただし、ガンマ線はエ

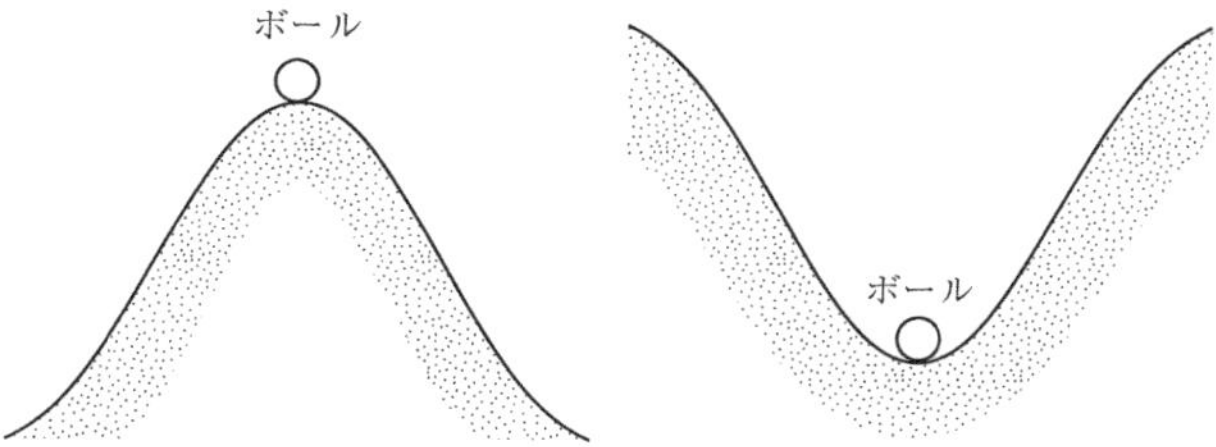

図13　エネルギーの高い・低い

ネルギーを持ち去るので、核からガンマ線が放出されると、その核に貯えられていたエネルギーの量は減少し、核はより安定となる。核がガンマ線を出すプロセスは、核の「**ガンマ崩壊**」と言われている。核がガンマ崩壊を起こしてもその構造が変るわけではないので、「崩壊」という言葉はふさわしくないが、歴史的にそう呼びならわされてきた。ガンマ線は「粒子」として振る舞う時もあり、そのような場合のガンマ線は「ガンマ粒子の流れ」と解釈される。

核がアルファ崩壊やベータ崩壊を起こした場合、崩壊後の核にはまだエネルギーがあり余っている。この場合、核のエネルギーが高いという。エネルギーが高いと不安定である。図13を見てもらいたい。ボールが小さな山のてっぺんにある場合とボールが谷底にある場合とが描かれている。山のてっぺんにあるボールはその位置が高く、ちょっとでも触れようものならすぐ転げ落ちてしまう。一度転げ落ちたらもう元には戻らない。てっぺんで静止を保たせるのは難しく、非常に不安定である。これが「エネルギーの高い状態」に相当する。
一方、ボールが谷底にある場合には、ボールを押して放すとすぐに元の位置（谷底）に戻ろうとする。ボールは元の位置から離れようとはしない。この場合ボールは極めて安定である。この谷底にあるボールの状態が「エネルギーの低い状態」に相当する。つまり、「エネルギーの高い状態」は不安定で、「エネルギーの低い状態」は安定であるということだ。

核がアルファ崩壊やベータ崩壊した直後の状態は、まだエネルギーが高くなっている場合が多い。したがって核は不安定な状態にあるので、エネルギーを吐き出して安定しようとする。この「エネルギーの吐き出し」が、ガンマ線放出となって現れるのである。ガンマ線はエネルギーを持っているので、ガンマ線が核から放射されるということは、それだけその核のエネルギーが下がる（減る）ことを意味する。

一般にガンマ線は核がベータ崩壊やアルファ崩壊した直後に核から放出される。ガンマ線を出す原子核10^{24}個（もちろん10^{24}個である必然性はないが）で構成されている物体からガンマ線が放射された場合、それはやはり放射線ということになる。ここで原子の構造を思い出してほしい。核の周りに電子が回っている。電磁波であるガンマ線は電荷を持っていないにもかかわらず、エネルギーを持っているため、物質を構成している原子の電子と反応する。つまり、人体の細胞とも反応するのである。ガンマ線は染色体を侵すことがある。妊娠している女性の染色体が侵されると、胎児に障害が現れる場合がある。

中性子線

次は、中性子線。水素以外のすべての原子の核には中性子がある。中性子過剰の核はベータ崩壊を起こし中性子が陽子に変って電子（ベータ粒子）を放出するが、場合によっては中性子を直接放出することもある。また核が分裂するとそこから中性子が飛び出す。多くの中性子が軍団をなして飛び回る時に、それを中性子線と呼ぶ。中性子線はガンマ線と同じく電荷を持っていない（電気的に中性）。しかしガンマ線と違って重さがある。すなわち中性子線は物質粒子（中性子）の流れである。中性子線も放射線の一種となる。ここで注意すべきは、中性子一個と陽子一個の重さはほとんど正確に等しいということである（ほんの僅かだけ中性子のほうが重い。これがために中性子はベータ崩壊して少し軽い陽子になる）。

中性子と陽子との間に核力が作用するが、核力というのは電気力と違って至近距離でないと作用しない。とは言っても中性子のスピードが大きい場合、陽子にぶつかっても必ずしも陽子とくっ付いてしまうわけではなく、中性子が陽子を跳ね飛ばすこともある。跳ね飛ばされた陽子は「反跳陽子」と呼ばれている。

ここで水素原子の構造を思い起こしてみる（図14）。一個の陽子の周りに一個の電子が回っているのが水素原子である。水素原子（直径一億分の一センチほど）の核は陽子そのものである。人体など生物体としての最小単位は細胞であり、すべての生物体は何兆個という細胞から構成されている。細胞には水素が含まれている。つまり細胞には陽子が含まれている。中性子が細胞にぶつかると陽子が跳ね飛ばされる。跳ね飛ばされた反跳陽子はプラスの電荷を持っているので他の原子と電気的に活発に作用する（電離現象という）。そのため細胞の構造が変ってしまい、ガン細胞になる可能性がある。ただし、今の話は中性子のスピードがかなり大きい場合である。

図14　水素原子

中性子のスピードが小さい場合には次のようなことが起こる。どんな原子でもその核が中性子を吸収すると中性子過剰になるので、その核の中の一つの中性子がベータ崩壊して陽子に変ってしまう。この時ベータ線（電子）が放出される。大量の中性子が人体に入り込むと細胞を構成している原子の核に吸収され、核はベータ崩壊を起こし電子を放出してベータ線を形成し、そのベータ線がさらに細胞を侵す。核がベータ崩壊を起こした直後にガンマ線を出す場合が多々ある。したがって中性子線もやはりガンや白血病を引き起こす。

以上、アルファ線、ベータ線、ガンマ線、中性子線、と四種の放射線を説明し、四つとも人体細胞を侵すことを話した。放射線に関して最も重要なのは、原子や核と強く反応を起こすということである。そして人体を構成している細胞は多数の原子でできているのである。

放射能と放射線の違い

放射線を出す物質を「放射性物質」というが、同じ原子だけからできている放射性物質は「放射性元素」という。放射性物質と言った場合には、色々違った放射性元素が混じっている場合を含む。放射性元素にはウラン、ラジウム、ポロニウム、ストロンチウム、など沢山ある。また放射線を出す能力のことを「放射能」という。放射性物質は放射能を持っている。放射性元素を構成している原子の核一個一個が崩壊する。**放射性元素は放射性崩壊して別種の元素に変る**のである。どんな放射性元素もその元素特有の「半減期」を持っている。元の放射性元素の核の数が半分に減ってしまうまでの時間である。

ここで銘記せねばならないことがある。それは放射性元素の半減期を人為的に変えてしまうのは不可能だということである。例えば放射性元素の圧力を変えたり、温度を変えたり、化学反応させたりしてみても半減期は変りようがない。なぜならこのような手段を講じても、放射性崩壊する核そのものは何ら変化を受けないからである。だから放射性元素から出る放射線を防ぐには、それを遮蔽するしか手立てはない。要するに「臭いものにはふたをしろ」ということである。これが「放射能」の最も厄介な問題であり、また「恐ろしい問題」でもある。

歴史的に見ると一番最初に物質から放射線が放射されていることに気が付いたのは、フランスのベクレルという人であった。しかし放射性元素を発見したのはポーランド生まれのキュリー夫人である。

これで「放射線」、「半減期」、「放射性元素」、「放射能」、放射線の人体に対する影響などを一応説明した。言い忘れたが、一般にガンマ線のみならずすべての電磁波も広い意味で放射線の部類に入る。

放射性物質（あるいは放射性元素）からどれほどの放射線が放射されるのかを表すのに、ベクレルとかキュリーという単位が用いられている。例えばこの放射性物質から放出される放射線量は二九ベクレルであり、あの放射性物質からの放射線量は一〇〇キュリーという具合に。レントゲンという単位もある。一方、放射の逆である〝どれくらいの量の放射線が体内に入り込んだか〟、つまり被曝量を表すにはもっぱらシーベルトという単位が用いられている。一シーベルトの一〇〇〇分の一が一ミリシーベルトであるが、被曝量を表すのに一般にはミリシーベルトが用いられている。なおシーベルトはスウェーデンの科学者、ロルフ・マキシミリアン・シーベルトの名にちなんでつけられたものである。

一般人に対して「絶対に大丈夫」と太鼓判を押された被曝量は、年間一ミリシーベルトとされている。しかし今までの経験から、年間一〇〇ミリシーベルトを被曝しても人体に影響は出ていないという結果が出ているため、原子力発電所や放射線を取り扱う業務に従事している人達に対しては、年間被曝量五〇ミリシーベルトを許容量としている。そのような人達は、必ず被曝量を測定するバッジを業務中に身につけることが義務づけられている。

分裂片は放射能を持つ

さて原子爆弾の話に戻ろう。ウラン核のように重い核が分裂して分裂片が生じ、その分裂片自身が軽い核になっていることはすでに話した。原子爆弾が炸裂すると無数の分裂片

$$\text{クセノン} \xrightarrow[\text{1秒}]{\text{ベータ崩壊}} \text{セシウム} \xrightarrow[\text{1秒以下}]{\text{ベータ崩壊}} \text{バリウム} \xrightarrow[\frac{1}{1000}\text{秒}]{\text{ベータ崩壊}} \text{ランタン}$$

$$\xrightarrow[\frac{1}{100}\text{秒}]{\text{ベータ崩壊}} \text{セリウム}$$

図15　分裂片はベータ崩壊を繰り返す

が猛烈な勢いで飛び散る。分裂片にはバリウム、ストロンチウム、セシウム、クセノン、ネオジム、モリブデンなどの核がある。すべてウラン核の半分ぐらいの重さである。

分裂片のほとんどはベータ崩壊する。つまり分裂片は放射性元素である（放射能を持っている）。分裂片の半減期は短いものも長いものもある。半減期の短い分裂片のベータ崩壊から飛び出た電子は、大きなエネルギーを持つ。この場合のエネルギーは運動エネルギーを意味するから、電子のスピードが大きいということになる（分裂片と電子とを混同せぬよう）。

一般に分裂片は何回もベータ崩壊を繰り返す。一回のベータ崩壊から一個の電子（ベータ粒子）が飛び出る。図15を使って説明してみよう。分裂片の一つであるクセノン143（陽子数五四、中性子数八九）は次のように段階的にベータ崩壊を起こす。表示されている時間は半減期を表す。

各段階のベータ崩壊では矢印の左側の核の中性子一個が陽子に変り、核の陽子数が一つ増えて右側の核へと変容する。

その際、電子一個が放出される。半減期は極めて短い。ということは飛び出た電子は大きなエネルギー（大きな速度）を持っていることを意味する。さらに分裂片はガンマ崩壊もし、ガンマ線も放出される。またガンマ線は核が分裂した瞬間にも放出される。

核分裂連鎖反応はその最終世代で終わる。つまり最終世代で爆発が起こる。したがって最終世代で放出された中性子はもはや核分裂を起こさず、そのまま空気中にばらまかれる。これらの中性子も大きな運動エネルギーを持っている。

ピカドンとキノコ雲

結論として言えるのは、原子爆弾が炸裂すると、大量の分裂片、大量の中性子、大量の電子およびガンマ線などが空中にまき散らされるということだ。これらはすべてエネルギーを持つ。特に分裂片のスピードは極めて大きいため、その運動エネルギーも極めて大きく（数値を挙げても実感できないだろうからやめておく）、分裂片の運動エネルギーが熱を作り出し、その結果、炸裂時の温度は一〇〇〇万度ぐらいになる。ただし周りの空気の温度が一〇〇〇万度と比べるとべらぼうに低いので、温度は急激に下がる。

さらに分裂片、電子、ガンマ線などは周りの空気と反応し、空気から光や熱線を含む電磁波が発せられる。大量の光が炸裂時に一瞬に発せられるので強烈な閃光となり、音なしでピカッと光る。被爆者の証言によると、瞬間的ではあったが「真昼の太陽よりも、もっとずっと明るかった」。電磁波は光の速さ（赤道の周りを一秒間に七回り半する）で爆発地点から地面に達するので、あっという間に、人々はこれらの電磁波を浴びたのである。また、分裂片からの放射線（中性子線、ベータ線、ガンマ線）に襲われた。

物は熱せられると膨張する。原子爆弾が炸裂した際、温度が一〇〇〇万度にもなると爆破点およびその周りの空気は急激に、というよりもあっという間に大きく膨張する。この急激な空気の膨張は大きな音、つまり爆破音を作り出す。音は光よりずっとゆっくり空気中を伝わるから、広島や長崎の人達は先に「ピカッ」を感じてから、少し間を置いて爆破音を聞いたのである。ここから「ピカドン」という言葉が生まれた。広島の人達は原爆のことをしばらくの間「ピカドン」と呼んでいた。

さらにこの急激な膨張は爆風と衝撃波という波を作り出す。衝撃波は音より早く伝わる。この衝撃波は建造物を破壊する。原爆が炸裂した地点およびその周辺では、急激な膨張のため空気が周りに押しやられ、中心地帯の空気が非常に薄くなり、周りの空気の圧力の方が大きくなる。すると、空気は圧力の高いほうから低いほうへ（内側へ）と移動するから、この空気の移動も強風を作り出す。この時いわゆるキノコ雲が形成される。対流現象によって暖かい空気は上昇する。キノコ雲は周りの空気よりも温度が高いから上昇していくのだ。

原子爆弾はその破壊力もさることながら、最も顕著な特徴は、何と言っても放射線によってもたらされる人体への被害である。原子爆弾からはアルファ線は放出されないが、爆発の際、中性子線とガンマ線が放射され、また分裂片からはベータ線とガンマ線が放出される（ガンマ線は爆発の際と、分裂片からと、二度にわたって放出される）。これらの放射線は直接皮膚を通して人体に入り込み、細胞を侵す。放射線は強いエネルギーを持っているので皮膚を焼き、放射線独特のヤケドが起こる。放射線が物質内に入り込んだり物質を通過すると、物質は放射線からエネルギーをもらうためにかならず熱を発する。地球内にある、ラジウムなどの放射性物質から発生する放射線が、地下水を暖めるのと同じ原理である。この場合には温泉ができるのだが……。

「死の灰」の原理

強い放射線源である大量の分裂片が空気中に漂い、それが降下してくる。これが「死の灰」となる。死の灰の中には分裂片のストロンチウム90が含まれている。ストロンチウム90の内訳は陽子数三八、中性子数五二である。

ストロンチウムにはいくつかのアイソトープがあり、ストロンチウム90は放射性のアイソトープであり、ベータ崩壊する。ベータ崩壊すると五二個の中性子のうち一つが陽子に変るので、陽子が一個増えて原子番号（陽子数）は39となる。原子番号39の元素はイットリウム90（yttrium）である。つまりストロンチウム90がベータ崩壊するとイットリウム90に変容する。

ストロンチウム90のベータ崩壊に対する半減期は、二八・八年と比較的長い。この「半減期が長い」ということも問題である。どんな問題かというと、ベータ崩壊には必ず電子の放出が伴うが、半減期が二八・八年ということは、かなり長期にわたってベータ線（電子の流れ）を出しっぱなしということである。

ここで元素の周期表をご覧いただきたい（一〇四〜一〇五頁）。元素記号の上に添字として数値があるがこれが原子番号である。陽子の数が増えていくと、当然原子は重たくなっていく。おもしろいことに、原子番号が増えていくと、化学的に同じ性質の元素が何回も周期的に現れるのである。縦に並べてある元素は同じ性質を持ち「属、グループ」と呼ばれている。このようにして作成されたのが「元素の周期表」である。この周期表を見るとストロンチウム（記号はSr）は左から二番目の縦のグループに属している。このグループにはカルシウム（記号はCa）がある。つまりストロンチウムはカルシウムと極めてよく似た化学的性質を持っているのである。

カルシウムは御存知のように骨に吸収される。「死の灰」を吸い込むと人体はストロンチウムとカルシウムとを区別することができず、吸い込まれたストロンチウムは骨に吸収されてしまうのだ。骨の中に入ったストロンチウム90は骨の中でベータ崩壊を起こし、骨の中でベータ線(電子)が放出される。半減期が二八・八年であるから骨の中で長期間ベータ線が放出されっぱなしになる。ベータ線は骨の細胞を侵し、その結果、骨のガンや白血病を引き起こす。家畜動物、例えば牛が死の灰を吸い込むとストロンチウム90に汚染された乳を出す。このようなミルクを飲むとどうなるかは、説明するまでもないだろう。

死の灰のなかにはセシウム137という分裂片も含まれている。セシウムの原子番号は55である。周期表を見るとセシウムは一番左側のグループに属している。このグループにはカリウム(記号K)がある。カリウムも人体には必要な要素である。したがってセシウムを吸い込むと人体はセシウムとカリウムの区別ができず、セシウムを排泄することなく吸収してしまう。セシウムにもいくつかアイソトープがあり、その中でセシウム137が最も危険である。そのベータ崩壊に対する半減期は三〇年とこれまた長い。セシウム137がベータ崩壊する際に、ベータ線のみならずガンマ線も放出される。

原子爆弾で熱線や衝撃波の影響で即死しなかった人は、分裂片(死の灰)を吸い込んだために、炸裂から時間が経っても「原爆症」に悩まされ続けた。原爆症とは放射線に侵さ

●	常温常圧で気体
★	常温常圧で液体
無印	常温常圧で固体

安定同位体のない元素については、代表的な放射性同位体の質量数を、参考値として（　）にしめした。

	1B	2B	3B	4B	5B	6B	7B	0	
								● 2 He ヘリウム 4.003	1
			5 B ホウ素 10.81	6 C 炭　素 12.01	● 7 N 窒　素 14.01	● 8 O 酸　素 16.00	● 9 F フッ素 19.00	● 10 Ne ネオン 20.18	2
			13 Al アルミニウム 26.98	14 Si ケイ素 28.09	15 P リ　ン 30.97	16 S 硫　黄 32.07	● 17 Cl 塩　素 35.45	● 18 Ar アルゴン 39.95	3
28 Ni ッケル 58.69	29 Cu 銅 63.55	30 Zn 亜　鉛 65.39	31 Ga ガリウム 69.72	32 Ge ゲルマニウム 72.61	33 As ヒ　素 74.92	34 Se セレン 78.96	★ 35 Br 臭　素 79.90	● 36 Kr クリプトン 83.80	4
46 Pd ラジウム 106.4	47 Ag 銀 107.9	48 Cd カドミウム 112.4	49 In インジウム 114.8	50 Sn ス　ズ 118.7	51 Sb アンチモン 121.8	52 Te テルル 127.6	53 I ヨウ素 126.9	● 54 Xe クセノン 131.3	5
78 Pt 白　金 195.1	79 Au 金 197.0	★ 80 Hg 水　銀 200.6	81 Tl タリウム 204.4	82 Pb 鉛 207.2	83 Bi ビスマス 209.0	84 Po ポロニウム (210)	85 At アスタチン (210)	● 86 Rn ラドン (222)	6

63 Eu ウロピウム 152.0	64 Gd ガドリニウム 157.3	65 Tb テルビウム 158.9	66 Dy ジスプロシウム 162.5	67 Ho ホルミウム 164.9	68 Er エルビウム 167.3	69 Tm ツリウム 168.9	70 Yb イッテルビウム 173.0	71 Lu ルテチウム 175.0
95 Am メリシウム (243)	96 Cm キュリウム (247)	97 Bk バークリウム (247)	98 Cf カリホルニウム (252)	99 Es アインスタイニウム (252)	100 Fm フェルミウム (257)	101 Md メンデレビウム (256)	102 No ノーベリウム (259)	103 Lr ローレンシウム (260)

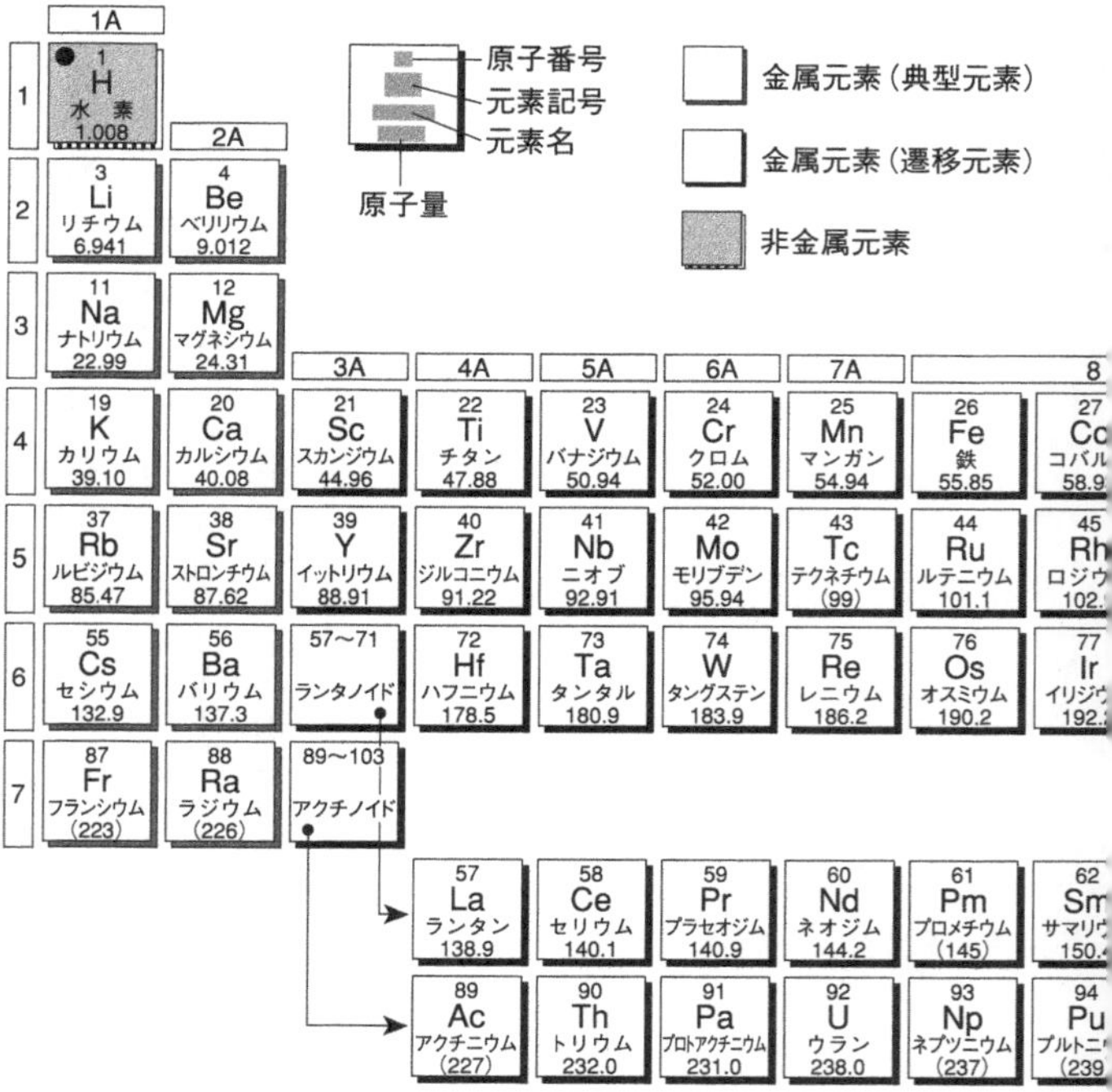

	1A								
1	1 H 水素 1.008	2A							
2	3 Li リチウム 6.941	4 Be ベリリウム 9.012							
3	11 Na ナトリウム 22.99	12 Mg マグネシウム 24.31	3A	4A	5A	6A	7A		8
4	19 K カリウム 39.10	20 Ca カルシウム 40.08	21 Sc スカンジウム 44.96	22 Ti チタン 47.88	23 V バナジウム 50.94	24 Cr クロム 52.00	25 Mn マンガン 54.94	26 Fe 鉄 55.85	27 Co コバル 58.9
5	37 Rb ルビジウム 85.47	38 Sr ストロンチウム 87.62	39 Y イットリウム 88.91	40 Zr ジルコニウム 91.22	41 Nb ニオブ 92.91	42 Mo モリブデン 95.94	43 Tc テクネチウム (99)	44 Ru ルテニウム 101.1	45 Rh ロジウ 102.
6	55 Cs セシウム 132.9	56 Ba バリウム 137.3	57~71 ランタノイド	72 Hf ハフニウム 178.5	73 Ta タンタル 180.9	74 W タングステン 183.9	75 Re レニウム 186.2	76 Os オスミウム 190.2	77 Ir イリジ 192.
7	87 Fr フランシウム (223)	88 Ra ラジウム (226)	89~103 アクチノイド						

		57 La ランタン 138.9	58 Ce セリウム 140.1	59 Pr プラセオジム 140.9	60 Nd ネオジム 144.2	61 Pm プロメチウム (145)	62 Sm サマリウ 150.
		89 Ac アクチニウム (227)	90 Th トリウム 232.0	91 Pa プロトアクチニウム 231.0	92 U ウラン 238.0	93 Np ネプツニウム (237)	94 Pu プルトニ (239

- 原子番号

- 金属元素(典型元素)

- 金属元素(遷移元素)

- 非金属元素

元素の周期表（『岩波科学百科』より）

れることである。強い放射線を浴びると、造血機能にも影響が出る。白血球の減少が顕著な特徴である。これが骨髄死の原因となる。

およそエネルギーというものは「物」を壊す能力を持っている。放射線は局所的に強いエネルギーを与える。当然、放射線は人体細胞を壊す能力を持っている。しかし、残念ながら放射線が人体に及ぼす影響は、その根底のレベルではまだ完全な解明を見ていない。

第三章 核分裂をコントロールするには？

原子炉のしくみ

「原子炉」と「原爆」の歴史的結びつき

核爆弾は一億分の一秒という短時間のうちに核分裂連鎖反応（連鎖反応の暴走）を終了させる。だからこそ一気に温度が上がり、その結果爆発現象を起こすのである。広島市がたった一個の核爆弾から被った被害を考えれば、そのエネルギーの量がいかに莫大なものであるかが分かる。

人間の力を借りずに物を動かすには、エンジンを使えばよい。また、電気を起こすには発電機を使えばよい。つまり動力を得るにはエンジンや発電機を使う。エンジンも発電所で使っている発電機も、元はといえば熱を動力に変えているのである。このように、熱を動力に変える手段があるからこそ、我々は快適な生活を送れるのだ、と言ってよい。

核爆弾も、所詮は核の中に貯えられているエネルギーのほとんどを熱に変えているに過ぎない。核爆弾はあまりにも急激に熱を発生させる。しからばゆっくりと、徐々に熱を取り出せないものか？　取り出せる。ゆっくりとコントロールしながら、暴走させずに分裂連鎖反応を起こす装置が「原子炉」である。つまり原子炉からは、火力発電に比べるとずっと少ない燃料（ウラン）で長時間にわたって熱を取り出せる。この熱を動力に変えて、タービンを回し、発電するのが原子力発電である。

もともと原子炉は、核分裂連鎖反応を実験的に確かめるために作られた。一九四二年一二月二日、アメリカのシカゴ大学フットボール競技場の地下で、イタリアの物理学者エンリコ・フェルミ指揮の下に、人類初の原子炉実験が成功した。この原子炉は核分裂連鎖反応が臨界に達するのを確認するために建設されたものである。この成功により原子爆弾製造の可能性が一段と強まり、一九四五年七月までにはウラン爆弾とプルトニウム爆弾が製造された。

しかし、後に詳しく説明するがプルトニウム爆弾は構造が複雑であったために、実験する必要が生じた。一九四五年七月一六日早朝、ニューメキシコ州の砂漠地帯で人類初の原爆実験が行われた。実験結果は予想以上の成果だった。一方、ウラン爆弾は実験なしに、広島に投下された（広島に投下したこと自体が実験であったとも言われている）。これはひとえにシカゴ大学での原子炉の臨界実験が成功したからである。歴史的に見ると、この時点ですでに「原子炉」と「原爆」との結びつきが見られるのだ。

核分裂連鎖反応をゆっくり起こすには

さて、原子炉を作動させるには、核分裂連鎖反応がゆっくり起こるようにすればよい。しかし核の分裂から生ずる中性子の多くは、大きなスピードを持って飛び出してくる。必

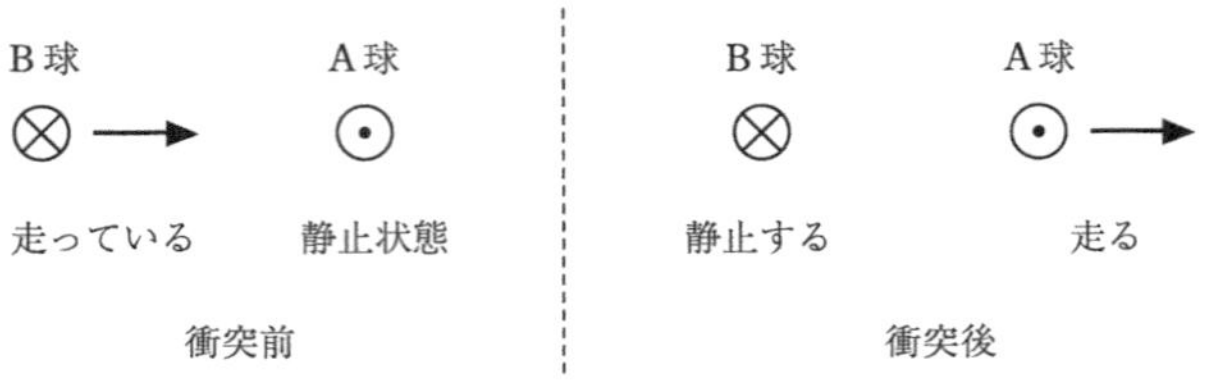

図16　中性子を減速させるには？

然的に連鎖反応が早く起こってしまう。したがって中性子を減速させねばならない。中性子を減速させる「**減速材**」を原子炉内に設置する必要がある。

減速材として使用する物質にはいくつか種類があるが、純粋な水も減速材となり得る。水の分子はH_2Oで水素と酸素の化合物である。水素原子の中心には陽子がある。そして、陽子イコール核である。陽子（核）の周りには、一個の電子が回っている。

ところで中性子の重さと陽子の重さはほとんど等しい。そのために中性子が陽子にぶつかると中性子は大きく減速されるのである。なぜか？

これを考えるために、二つのビリヤード・ボール（玉突き球）を考えてみよう（図16）。二つの球は同じ大きさ同じ重さである。一つの球が静止していて、もうひとつの球が静止している球に正面衝突する場合を考える。静止している球をA球、それをめがけてぶつかってくる球をB球と呼ぼう。

B球が、静止しているA球に正面衝突すると、A球は弾き飛ばされ、B球は静止する。これによりB球は最大限に減速されたことになる。これは実際に試してみればすぐ分かる。しかしもしA球とB球の重さが違っていたら、こんなことは絶対に起きない。

仮にA球の方がB球よりも重いとしてみよう。この場合は衝突後、B球はA球によって跳ね返されてしまい、B球は衝突後静止することはない。逆にB球がA球より重い場合は、衝突後、B球はA球を突き飛ばした後も少しスピードは弱まるが止まることなく突き進む。したがってB球の減速効果を最大限にする（スピードをゼロにする）ためには、B球の重さはぶつかる相手のA球の重さと等しくなければならない。

では、正面衝突ではなく、B球が静止しているA球にかすってぶつかるときはどうか。この場合、衝突後もB球はストップはしないが、それでもかなり減速される。正面衝突でない場合でも、A球B球ともに同じ重さである場合に限って、B球の減速効果が最も大きいのである。中性子と陽子の重さがほぼ正確に等しいことを考えると、中性子を最も効果的に減速させる方法は、陽子にぶつけてやることである。

水には水素由来の陽子がいっぱい含まれているから、中性子の減速材に適している。しかし中性子を陽子にぶつけてやると、ごくたまにではあるが核力によって中性子が陽子にくっ付いてしまうことがある。これは頻繁に起こるものではないが、いったん陽子にくっ

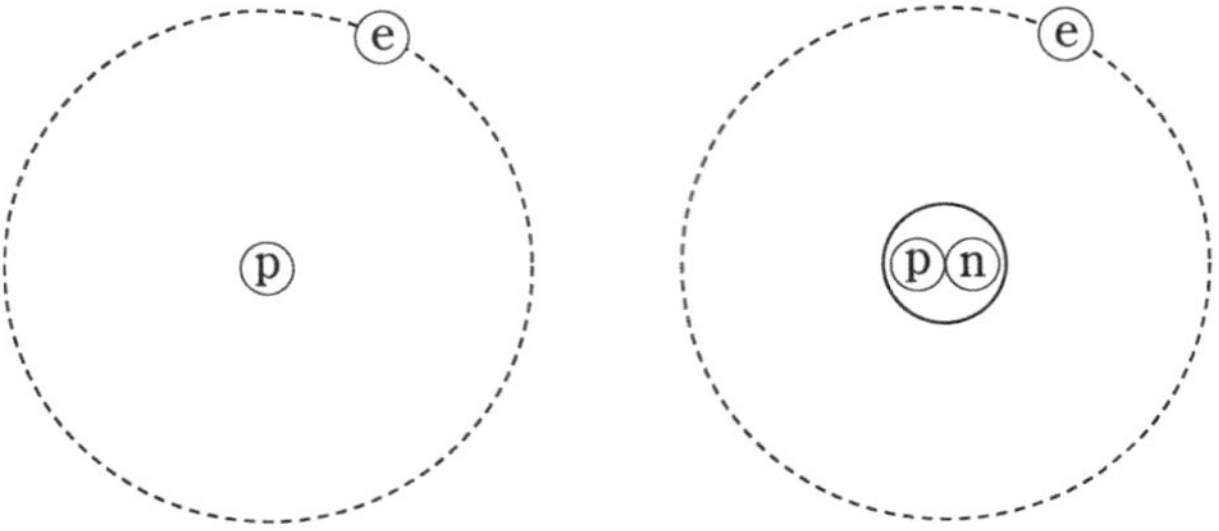

図17　水素と重水素

付いた中性子はもはや核に吸収されて核分裂を起こすことはできない。これを考えると普通の水は必ずしもベストな減速材とは言えない。

重水炉と軽水炉

　ところが、この世の中には普通の水素の他に「重水素」と呼ばれる重い水素がある。なぜ重いのかというと、重水素原子の核は陽子一個ではなく、陽子一個と中性子一個とがくっ付いて構成されているからだ。だから、中性子一個分だけ重たくなっている。重水素は水素のアイソトープである。重水素も普通の水素も陽子が一個しかなく、また核の周りを回っている電子の数も一つである。したがって重水素も普通の水素とその化学的性質はまったく同じである。どちらも水素であることに変りはないが、ただ重水素は水素と比べてほとんど正確に二倍の重さとなっている。陽子をp、中性子をn、電子をeと表すと、図17のようになる。

重水素二個と酸素一個とがくっ付いてできたものが重水分子である。重水分子が寄り集まってできたのが重水である。天然に重水素および重水分子は存在するが、その量は多くない。大量の重水は、工場で生産しない限り存在しない。重水に対して、普通の水は軽水と呼ばれる。重水素も分裂から生じた中性子を効率よく減速させるので、重水も減速材になり得る。中性子が重水素の原子核（陽子一個と中性子一個とから成る）にくっ付く可能性は極めて少ないので、「中性子経済」という観点に立てば、重水は極めて優れた減速材である。

軽水を減速材に使った原子炉は**「軽水炉」**と言われている。日本の原子力発電所にはよく「軽水炉」が使われている。この「軽水炉」の語源を説明するためにここで重水を持ち出した。しかし重水も優れた減速材であることを憶えておいてほしい。第二次世界大戦中、ドイツは占領していたノルウェーにある重水生産工場から重水を手に入れ「重水原子炉」を建設しようとしていたが、成功を目前にして無条件降伏してしまった。そのほかの減速材として、鉛筆の芯の材料となっているグラファイト（炭素が結晶状態になっているもの。日本語では黒鉛と言われている）がある。シカゴ大学の人類史上初の原子炉には、減速材としてこのグラファイトが使用された。

しかし減速材によって中性子のスピードは小さくはなっても、核分裂連鎖反応は図7(五六頁)のようにねずみ算式に増えてゆく。減速材は核分裂連鎖反応の進行を緩やかにするだけだ(暴走がゆっくり進む)。暴走させずに原子炉の出力を一定に保つためには、原子炉内の中性子の数(厳密には中性子束、Neutron-flux)を一定に保たねばならない。中性子の数がねずみ算式に増えるのを防ぐために、原子炉の中にはわざわざ中性子を吸収させる制御棒(Control rods)が挿入されている。制御棒に中性子を吸収させることによって、核分裂を引き起こす中性子の数をコントロールするのである。

制御棒はカドミウムのように中性子を強く吸収し(中性子吸収材)、しかも分裂を起こさない物質から構成されている。原子炉内に制御棒を深く挿入してやれば、それだけ多くの中性子を吸収する。制御棒を完全に抜いてしまえば、原子炉内の中性子は増加していく。複数の制御棒を原子炉内に出し入れすることによって、原子炉内の中性子数(中性子束)を制御できる。それが連鎖反応の暴走を防ぎ、ひいては原子炉から一定のエネルギーを取り出すことにつながる。

減速材の必要性と熱中性子

中性子が核に捕らえられてその核が分裂を起こすためには、中性子と核が必ずしも正面衝突を起こす必要はない。中性子が核と接触せずに核の近傍を通過する際にも、核が中性子を捕らえることが出来るのである（この辺の所は量子力学に頼らねばならない）。ただし中性子が核の近傍をあまり早く通過すると、核は中性子を捕らえるチャンスを失ってしまう。だから中性子が核に効率よく捕らえられるためには、中性子はできるだけゆっくり走ったほうがよい。結局、核分裂連鎖反応が暴走せずにゆっくりと進行し、しかも分裂を引き起こしやすくするには、どうしても中性子を減速させなければならないのだ。減速材の必要性はここにある。減速材は中性子を減速させるだけではなく、中性子が原子炉の外に漏れ出るのを防ぐ役目もする。

では中性子のスピードがどこまで落ちるかというと、原子炉内の温度に匹敵するスピードまで落ちる。

原子炉の温度は、原子炉内の分裂片や原子炉を構成している減速材などの原子や分子の平均運動エネルギーによって決まる。運動している粒子（分裂片、原子、分子）の運動エネルギーは、その粒子の重さ（実際は質量）とスピードの二乗に比例するので、粒子のスピードに関係している。原子や分子は振動する。振動にはスピードが伴う。これらの粒子の運動は「熱運動」という。これらの粒子全部の平均運動エネルギーが温度を決定するのである。

ということは、分裂片や原子炉を構成する原子や分子のスピードが大きいと温度が高く、スピードが小さいと温度が低いということになる。中性子は原子炉内の平均運動エネルギーに匹敵する、つまり、原子炉の温度に匹敵するスピードにまで減速され、それ以下のスピードにはならない。そのスピードにまで落ちた中性子のことを「**熱中性子**（thermal neutrons、サーマルニュートロン）」と言う。原子力発電所に使われている原子炉では、この熱中性子、サーマルニュートロンが活躍している。

原子炉の臨界

ここで図7をもう一度見ていただきたい。最初に一個の中性子（第一世代）が核に吸収されて、核分裂連鎖反応がスタートしている。そして、一つの核が分裂すると二個の中性子が飛び出し、その一個一個が他のまだ分裂を起こしていない核に吸収されて、その核がさらに分裂する。このため核分裂の回数は1、2、4、8、16、32、……とねずみ算式に増えていく（中性子の数もこのように増えていく）。これが核分裂の暴走であり、原子爆弾ではこの暴走状態が起こる。

しかし制御棒を使い、核分裂から生ずる二個の中性子のうち一個だけが他の核に吸収されて核分裂を起こし、残りの一個は制御棒に吸収されるようにしておくと、各世代で核分

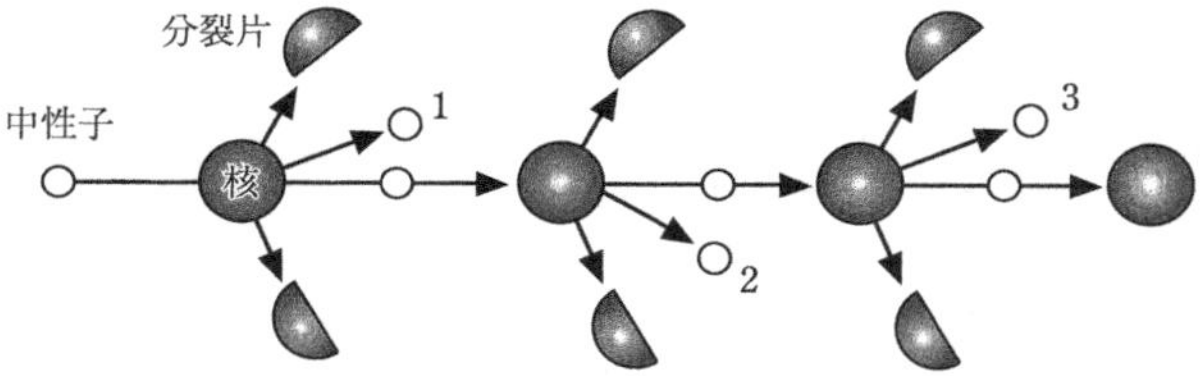

番号1、2、3のついている中性子は制御棒に吸収され分裂を起こさない

図18　原子炉の臨界状態

裂に寄与する中性子はいつも一個になる。核分裂の回数は、世代数が増えていっても1、1、1、1、1、1、と回数は一定で、核分裂連鎖反応は暴走しない。これを図式化したのが図18である。

さらに原子炉には減速材が入っているので、中性子は減速され、分裂連鎖反応はゆっくりと起こる。実際の原子炉では一個の核から連鎖反応がスタートするのではなく、外部に用意された中性子源（後述）から多くの中性子が出てくるので、一つ一つの中性子が第一世代をつくる。したがって図18のような図がいくつも書けることになる。実際は一回の（一つの）核分裂から平均二・五個ぐらいの中性子が発生するが、制御棒が中性子を吸収して、世代数が一世代、二世代、三世代、四世代、……と増えても図7にはならず図18になる。核分裂の回数も各世代で一定となり、核分裂連鎖反応は暴走しない。このように、ある一つの世代に分裂を起こす中性子数が、すぐその前の世代の分裂を起こす中性子数と同じになった時、原子炉は「**臨界**(critical)」に達したと言う。

原子炉の臨界は、例えば車が一定の速度で走っているような状態である。時間が経っても、速度(中性子数)が増えもせず減りもしない。実際の原子炉では、中性子が核にぶつかっても必ずしもその核に吸収されずに核分裂が起こらなかったり、あるいは中性子が原子炉の外に逃げ出したりするので、臨界理論はもっと複雑である。しかし本質は右に述べた通りである。

ここでウラン核は、中性子を吸収しない限り分裂できないことをもう一度強調しておきたい。したがって「何事も起きていない状態」では核分裂は起こりようがない。このため一番最初の核分裂を起こすには、中性子を放出する「**中性子源**」を用意しておかねばならない。中性子源からの中性子によっていったん核分裂が始まると、分裂そのものから中性子が発生するようになる。英語で「新しく開始する」ことをイニシエイト(initiate)というので、中性子源のことをイニシエイターと言うことがある。

原子炉が運転休止状態にある時は、すべての制御棒は原子炉内に深く挿入されている。制御棒は中性子を吸収しても核分裂が起こらないような物質、例えばカドミウムなどから構成されているので、原子炉内いっぱいに挿入されていると、中性子源から中性子が出ても制御棒に吸収されてしまって核分裂連鎖反応は起きない。原子炉を運転開始する時は、制御棒をゆっくりと引き抜いていく。すると中性子源からの中性子をウラン核が吸収して分裂が起こり、中性子の数が増えていき、核分裂がスタートする。制御棒がある位置に達すると臨界に達し、原子炉の出力は一定となる。

神の光を見た！

一九六四年、東京オリンピックが開催された年（当時は一ドル三六〇円の固定相場）、二三歳の私は希望に胸を膨らませてアメリカに渡った。テネシー大学原子力工学科大学院に入学したのである。大学のキャンパスから西へ四〇キロほどの所に「オークリッジ国立研究所」がある（現在でもある）。第二次世界大戦中、この研究所で濃縮ウラン装置が開発され、そこで生産された濃縮ウランが広島の原爆に使われた。

大学に入って一年め、週に一度、学生実験のためオークリッジ国立研究所に通った。当時、研究所にはいくつかの原子炉があったが、そのうちの一つに「スイミングプール型原子炉」というのがあった。これは実験用原子炉あるいは研究用原子炉とも呼ばれ、原子力技術者の養成や研究目的のために作られたもので、パワーは小さなものだった。このスイミングプール型原子炉は、水（軽水）を減速材に使っているのでこの名前が付いたと思われる。水は透明なので、ウラン燃料が入っている部分、いわゆる「炉心」が水を通して丸見えである。

繰り返すが、ウラン鉱から採掘されて出てくる天然ウランには、重いほうのウラン238が九九・三％、やや軽いウラン235がわずか〇・七％含まれている。核分裂を起こしやすいのはウラン235である。これがためにウラン235を濃縮せねばならない。しかし爆弾と違って原子炉の場合は、ウラン235をそれほど濃縮する必要はない（人類史上最初の原子炉には天然ウランを使った）。パワーが小さいので、減速材である水が中性子および他の放射線を十分に遮蔽してくれる。安全性に関しては問題ない。原子炉のほとんどは水で占められ、水の容積から比べると核燃料の入っている部分はごく一部である。

ある日、原子炉の臨界実験を行った。臨界に近づくと炉心近傍の水から淡い青紫色の光が発せられる。時間とともに青紫色が少しずつ濃くなっていき、周辺の水に広がっていく。実験者である学生達はその様子をじっと見守っていた。私もその一人であったが、この青紫の色がなんとも異様で神秘的にすら感ぜられた。学生の一人が「神の光だ（Let there be light）」と言ったが、必ずしも冗談には感じられなかったように記憶している。ついに原子炉は臨界に達した。学生達から拍手が起こった。

この異様な青紫の色の光は、チェレンコフ効果によって生じたものである。核分裂によって生じた分裂片がベータ崩壊を起こすことは、すでに詳しく説明した。原子炉が臨界状態に近づくと、分裂片の数も多くなってくる。すると分裂片のベータ崩壊から発生する電子（ベータ粒子）の数も増加していく。分裂片がベータ崩壊する時に発生する電子は、水の中を光よりも速く（！）走る。チェレンコフ効果は水中の電子が光よりも速く走る時に起こるものである。

実は光は水の中では空気中よりも遅く走る（このため光が水に入ると屈折する。光の屈折のため水の入ったプールは浅く見える）。だから水の中では、電気を帯びた粒子は光よりも速く走ることが可能となる。原子炉が臨界に近づくにつれてベータ粒子（電子）の数も多くなるので、高速で走る電子から発する光の量も増えていく。

色の種類に関係なく光はすべて電磁波である。電子のみならず電荷を持つ粒子が、水のような透明液体の中を光の速度以上で走ると電磁波を発するという現象は、ロシアのパヴエル・チェレンコフによって一九三四年に発見された。チェレンコフは高校卒の学歴しか持っていなかったが、発見から実に二四年後の一九五八年、チェレンコフ効果の発見によってノーベル物理学賞を受賞した。ちなみに、岐阜県神岡鉱山の地下深くに建設されている世界一規模を誇るニュートリノ検出装置スーパーカミオカンデは、このチェレンコフ効果を利用してニュートリノを検出する装置である。

原子力発電

現在、世界にあるすべての原子力発電所は、原子炉から発生する熱を利用して発電している。つまり原子炉なしでは原子力発電は不可能である。原子力発電が出現する以前は主に水力発電と火力発電であった。現在でも火力発電や水力発電はすたれたわけではなく、世界各国で活躍している。

水力発電は熱を利用して発電するのではない。山腹に流れている川をせき止め、そこにダムを建設して大きな水の落差を作り、その落差から流れてくる水を水車にぶつけると水車が回転する。その回転を発電機の回転部分に連結して電気を起こすのである。したがって水力発電は「燃料」を必要としない。必要なのは豊富な水と落差である。一方、火力発電は石油や石炭を燃やすことによって熱を得、その熱で水を沸騰させて圧力の高いスチームを作り、そのスチームでタービンを回転させ、その回転を発電機の回転部分に連結して発電する。

原子力発電は、火力発電の熱源（石油、液化天然ガス、石炭の燃焼）を、単に原子炉に置き換えたに過ぎない。原子炉から発生する熱でスチームを作り、そのスチームでタービンを回して、その回転で発電機を回して発電する。つまりどんなタイプの発電でも、最終的には発電機が電気を起こすわけである。ここで発電機の原理を披露するゆとりはないので、

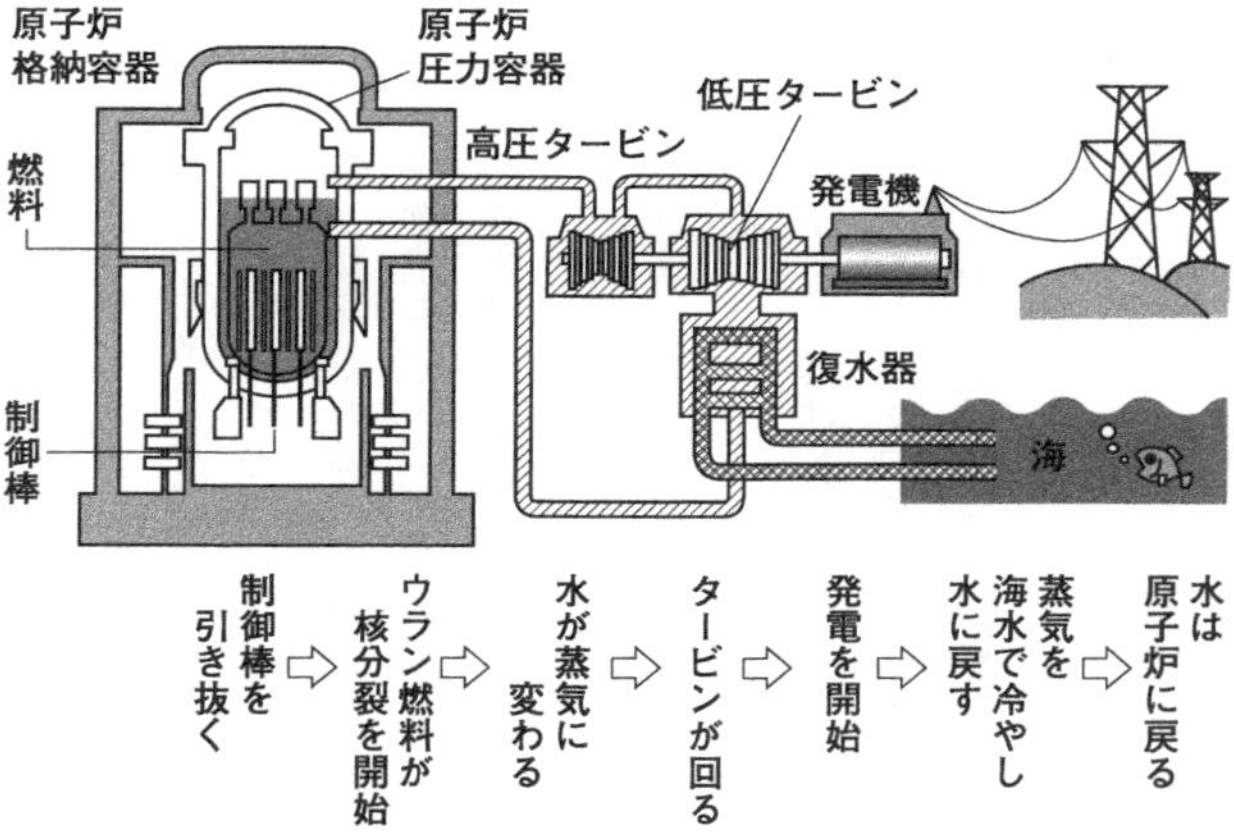

図19　原子力発電のしくみ（東京電力ホームページをもとに作成）

興味のある方はその方面の本を参照してほしい。

今、日本で毎日消費する電気量は莫大なものである。毎日どんどん発電しなければならない。残念ながら我々が毎日消費する電気はバッテリーみたいに充電するわけにはいかないのだ。つまり電気は貯えておくことができない。

この原稿執筆時点で、我が国の総発電量に占める原子力発電の割合は三五％くらいとなっている（火力発電が全体の五〇％以上を占めている）。

なぜ日本は原子力発電に固執するのであろうか？　それには相応の理由がある。まず火力発電は石油、天然ガス、石炭等が燃料として使われる。特に日本は石油のほとんどを輸入に頼っている。発電には相当量の石油を必要とする。さらに火力発電は公害をもたらす。石油や石炭が燃焼した後には、二酸化炭素（CO_2）という分子（炭素と酸素の化合）から成る炭酸ガスを発する。二酸化炭素は地球温暖化の最たる原因だ。その他にも石油を燃やすと硫黄酸化物や窒素酸化物などの毒性ガスが出る。つまり火力発電所からは大気汚染物が排出されるのである。

これは燃焼現象が空気を必要とする化学反応だからである。化学反応の後には必ず反応生成物が残る。二酸化炭素、硫黄酸化物、窒素酸化物などは反応生成物である。我々が必要なのは化学反応（燃焼）によって生ずる熱だけなのだが、要らなくても反応生成物は必然的に生ずるのだ。反応生成物が公害の原因となっている以上、公害を完全除去するのは至難の業だ。

ではは原子力発電はどうか？　ウランなどの核燃料を燃やすには空気を必要としない。核燃料が燃えるというのは核分裂連鎖反応が起こることであるが、核分裂を引き起こすのに必要なのは中性子であって空気分子ではない。つまり核燃料が燃えても化学反応とはならず、二酸化炭素など生ずることはない。原子力発電が安全に運転されている以上、空気汚染を引き起こすものは排出されない。この点で原子力発電はクリーン発電ともいわれている。

また原子力発電で電気を起こす場合、火力発電に比べると少しの燃料で長時間発電し続けることができる。燃料の入れ替えをそんなに頻繁にする必要はない。ただ、天然ウランは日本の鉱山にもあるが、日本中にある全原子力発電所をまかなうほどの量はとても採掘されない。何より、天然ウランでは軽水を減速材に使って分裂連鎖反応を持続させ、発電需要に見合った出力を出すことなど不可能である。したがって濃縮ウランを使用せねばならないが、軽水炉では数パーセントの濃縮度で十分である（日本の原子力発電所はすべて軽水炉を使っている）。

日本には青森県六ケ所村にウラン濃縮施設があるが、日本にあるすべての原子力発電所に供給できるほどの濃縮ウランは生産されず、ウラン原料も濃縮ウランも輸入に頼っている。しかし石油と違って少ない燃料で長持ちするので大量輸入する必要はない。ウランの輸入相手国はオーストラリア、南アフリカなど安定した国々である。このような事情から考えると、核燃料は石油に比べて大変ありがたい燃料だということになる。

また後で述べる核燃料再処理にかかる費用を考慮に入れても、原子力発電の発電コスト（費用）は水力や火力発電コストと比べると最も低い（ただし建設コストは高い）。二〇〇二年の夏、筆者は新潟県にある柏崎刈羽原子力発電所を見学した。アメリカに永住していると いうこともあるが、恥ずかしながらその時、柏崎刈羽原子力発電所が世界一の規模であることを初めて知った。「一つの完全な原子力発電の装置」を一基と数えるが、柏崎刈羽原子力発電所には七基もある。

原子力発電の欠点

しかし原子力発電にもいくつか欠点がある。まず、原子力発電は出力を変えるのに大変時間がかかってしまう。そのためいったん運転を停止して再び運転を開始すると、規定の出力までパワーアップするのに相当な時間が必要になる。

さらに最も厄介な問題は「核燃料再処理」である。原子炉内で核燃料がある程度燃えてしまうと(核分裂反応のこと)、出力低下が起こるため核燃料を新しい燃料と交換せねばならない。原子炉から取り出した使い古しの核燃料は「使用済み核燃料」と呼ばれている。使用済み核燃料には相当数の核分裂片が含まれていることは言うまでもない。ほとんどの分裂片は放射線源となっている。

分裂片は中性子を放出した後でもまだ中性子過剰になっている場合が多く、中性子の数を何とかして減らそうとする。そのために分裂片内の中性子はベータ崩壊を起こし、中性子を陽子に変えてしまう。この時、電子が放出される。分裂片によってはベータ崩壊を一回ならず二回も三回も、さらに何回も起こして電子を放出する。電子一個が放出されるたびに分裂片内の一個の中性子が陽子に変容するので、中性子の数は減少し分裂片はより安定になっていく（安定とは分裂片が壊れてしまうことに対しての安定を言う）。

すべての分裂片から同時に電子が放出されるわけではないので、時間をかけて放出される。このようにして放出された電子は「流れ」を形成する。これがベータ線だ。また電子を放出した直後にガンマ線が放出される場合も多々ある。ベータ線もガンマ線も人体の細胞を侵す有害な放射線である。したがって使用済み核燃料をそこらに簡単に捨てるわけにはいかない。さらに使用済み核燃料にはまだ燃え残り（核分裂を起こしていない）ウラン核がある。そのままにしておくのはもったいない。ここで燃料再処理（リサイクル）の問題が出てくる。これについては第四章で詳述する。

原子炉内にプルトニウムが蓄積される

中性子を減速する減速材に重水が適していることは話した。重水に対して普通の水は軽水と呼ばれる。減速材に軽水が使われている原子炉が「軽水炉」である。日本の原子力発電に使われている原子炉は「軽水炉」である。また核燃料は天然ウランを三〜五％濃縮したものを使っている。

何度も話したように鉱山から取り出してきた天然ウランには二つのアイソトープが含ま

れている。ウラン238とウラン235である。重量の内訳はウラン238が九九・三%でウラン235はわずか〇・七%である。このうち、熱中性子を吸収して核分裂を起こすのは軽いほうのウラン235である。そのため、ウラン235を多く含ませるように「ウラン濃縮装置」を通して三〜五%濃縮してやる。少しでも濃縮されたウランは「濃縮ウラン」と呼ばれている。原子爆弾に使うウランは一〇〇%近くまで濃縮してやらねばならない(ほとんどがウラン235になっているということ)。

原子力発電の原子炉で三〜五%濃縮されたウランを使っているということは、残りの九五〜九七%は分裂を起こさないウラン238である。原子炉内では熱中性子(サーマルニュートロン)がうようよしているから、当然、ウラン238も熱中性子を吸収する(熱中性子の発生源はウラン235の核分裂である)。しかしウラン238は、熱中性子を吸収しても分裂を起こさず、そのままウラン239になる。中性子数(したがって質量数)が一つ増えるだけである。ウラン239の内訳は陽子数九二、中性子数一四七。これを忘れないように。

中性子を吸収した後のウラン239は、中性子の数が多すぎるためにベータ崩壊する。一個の中性子が陽子に変り、その際、電子が放出される。中性子一個が陽子に変ったのだから陽子数が一個増え、中性子数が一個減る。すると陽子が九三個で中性子数一四六個の核になる。陽子数九三の元素はネプツニウムである。

いったんネプツニウムとなった核はさらにベータ崩壊する。するとさらに陽子数が一個増えて九四となる。陽子数九四の元素はプルトニウムである（ベータ崩壊するたびに陽子数が一つ増えて元素名が変る）。

ウランは英語でUraniumと綴られるのでUと、ネプツニウムは英語でNeptuniumと綴られるのでNpと表示し、プルトニウムの英語のスペルはPlutoniumだからPuと表す。ここで、ベータ崩壊とは陽子数が増えて中性子数が減るのだから、陽子数と中性子数の和、つまり質量数は変化しないことに注意しよう。右の例では質量数は、

92＋147＝**93**＋146＝**94**＋145＝239

となって変らない。

何がどうなっているかって？　まずウラン238が中性子を吸収してウラン239となり、それがベータ崩壊してネプツニウム239となり、それがさらにベータ崩壊してプルトニウム239となるのである。記号U、Np、Puを使って説明したほうがスッキリする。ここは極めて大切な事項なのでしっかりと頭に入れてほしい。まずウラン238が中性子を吸収してウラン239になったところから始めると、

U239→ベータ崩壊→Np239→ベータ崩壊→Pu239

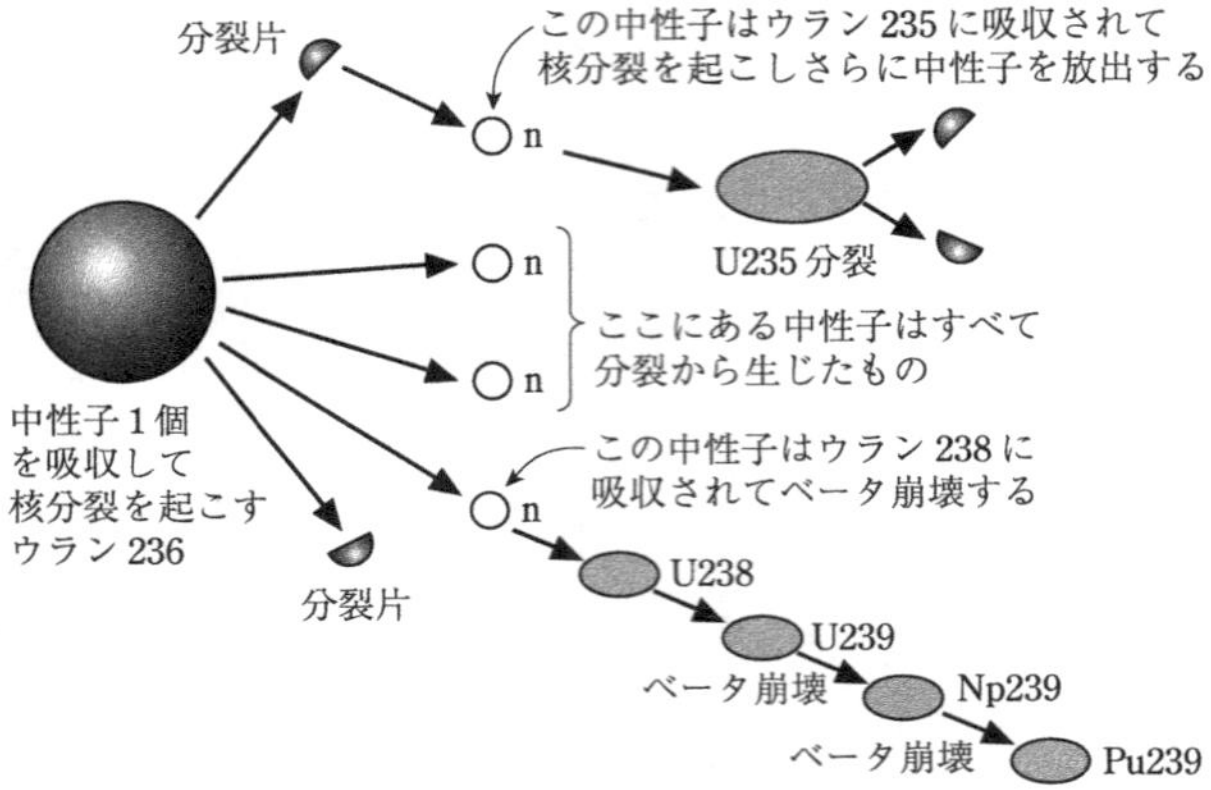
分裂片
この中性子はウラン235に吸収されて
核分裂を起こしさらに中性子を放出する
n
U235分裂
n
ここにある中性子はすべて
分裂から生じたもの
n
中性子1個
を吸収して
核分裂を起こす
ウラン236
この中性子はウラン238に
吸収されてベータ崩壊する
n
U238
分裂片
U239
ベータ崩壊
Np239
ベータ崩壊
Pu239

図20　なぜ原子炉内にプルトニウムが蓄積されるか？

いったんプルトニウムになるとそれ以上はベータ崩壊しない。

したがって原子炉を運転し続けているとプルトニウムが原子炉内に蓄積されていくが、プルトニウム自身も中性子を吸収する。

図20では複雑さを避けるために、減速材(軽水)によって中性子が減速される様子は描かれていない。またベータ崩壊から放出される電子も描かれていない。もしウランが一〇〇%濃縮されていてウラン235だけでできているとすると、ウラン238が初めからないので、プルトニウムは生産されない。図20は大変重要な図である。

ここで英語名のウラニウム(ウランのこと)、ネプツニウム、プルトニウムの語源について語ってみよう。これらの命名は太陽系の惑星の名（もともとはギリシア・ローマ神話の神々の名）にちなんでつけられたものである。太陽系ではその最も内側、すなわち太陽に近い順に水星（マーキュリー）、金星（ヴィーナス）、地球（アース）、火星（マーズ）、木星（ジュピター）、土星（サターン）、天王星（ウラナス）、海王星（ネプチューン）、冥王星（プルート）である。最後の三つ、ウラナス（天王星）からウラニウム（ウラン）、ネプチューン（海王星）からネプツニウム、そしてプルート（冥王星）からプルトニウムと命名されたのである。御存知かもしれないがウランはドイツ語である。

核（どの原子の核でもよい）に中性子を吸収させてやると、中性子過剰となり、その核はベータ崩壊して一個の中性子（吸収された中性子とは限らない）が陽子に変換され陽子数（原子番号）が一つ増え、重たい元素が出来上がる（この際、電子と反ニュートリノが創生され、放出される）。この考えを最初に思いついたのが、イタリアの物理学者エンリコ・フェルミである。

自然に存在する最も重たい元素はウランである。したがってウランよりも重たい元素を「作る」には、ウラン核に中性子を吸収させてやればよいことになる。この考えに基づいてウランよりも重い元素（超ウラン元素という）を作る研究が精力的に行われた。第二次世界大戦中、アメリカでエドウィン・マクミランがネプツニウムを、そしてグレン・シーボルグがプルトニウムを作ることに成功した。この時点で、すでにアメリカはプルトニウム

239が原爆に適していることに気が付いていたのである。

プルトニウム239は原子爆弾の材料になる

原子炉内で産生されたプルトニウム239とは一体どんな元素か？　まず質量数二三九の内訳は次のようになっている。

プルトニウム239：陽子数94（偶数）、中性子数145（奇数）

これをウラン235（陽子数九二、中性子数一四三）と比べてみると、どちらも陽子数が偶数、中性子数が奇数であることが分かる。この「偶数－奇数」の条件が核分裂を起こす一つの大きな要因となっているのである。ウラン235が中性子を吸収して核分裂を起こすのと同様、プルトニウム239も中性子を吸収して核分裂を起こす。

ウラン238そのものは中性子を吸収しても核分裂を起こさないが、ウラン238が中性子を吸収すると二度のベータ崩壊を起こした後、プルトニウム239になって分裂を引き起こす核になるということだ。中性子を吸収した後、ウラン235の核分裂では平均二・五個の中性子が飛び出してくるが、プルトニウム239が核分裂を起こすと平均二・八個の中性子が飛び出してくる。分裂から出る中性子の数が多いほど、分裂連鎖反応が起きやすい。これはプルトニウム239のほうがウラン235よりも優れた核燃料だということに他ならない。

軽水炉型原子炉を使った原子力発電所では、運転中にプルトニウム239が産生されていく。産生されたプルトニウム239も熱中性子を吸収して核分裂を起こしエネルギー（熱）を放出する。ウランは鉱山にあり、その埋蔵量は石油と同じく有限である。だから原子炉内で熱中性子（**サーマル**ニュートロン）の働きによって産生された**プル**トニウム239を有効に使えば、ウランの使用量を最小限度にできるはずだ。これに目を付けて計画されたのが「プルサーマル計画」である。すなわち核燃料にはじめからプルトニウム239を混合させてやるのである。このウランとプルトニウムの混合体からなる核燃料のことをＭＯＸ（Mixed Oxide Fuel）と呼んでいる。

プルサーマル計画はあくまでも原子力平和利用であるが、原子力発電所の原子炉内で生まれたプルトニウム239は、そのまま原子爆弾の材料になるということを忘れてはならない。ここが問題である。つまりどんな国であれ、原子力発電所を持つ国はプルトニウムを使って原子爆弾を製造する潜在力を持っていることになるからだ。原子力発電所から一挙に大量のプルトニウムが産生されることはないが、塵《ちり》も積もれば……である。

チェルノブイリとスリーマイル

今までに起こった原発の主な大事故は、アメリカのスリーマイルアイランドの事故とウクライナのチェルノブイリ事故である。

チェルノブイリ原発事故は一九八六年四月二六日に発生した。この原発では黒鉛（グラファイト）を減速材にした原子炉を使っていた。タービンを回すための蒸気を止めても発電機は惰性で回り続けるが、事故発生時は、蒸気なしで発電機からどのくらいの電力が得られるのかをチェックする実験を行っていた。この時、突然、原子炉内の核分裂連鎖反応が暴走して温度が急上昇し、そのため減速材の黒鉛が燃えて、核燃料の入っている炉心が溶け出し（メルトダウンmelt downと言う）、その結果、爆発が起きたのである。爆発は二度起きたと発表されている。

原発事故で最も恐いのがこのメルトダウンである。原子力発電所の原子炉には当然ながらいくつかの安全装置がついている。まったく同じような安全装置がいくつか繰り返して装備されている。一つの安全装置が故障した場合、自動的に他の安全装置に切り替わるようになっている。このような装置は「多重防御装置」と呼ばれている。緊急事態が発生して炉心の温度が異常に上がると、自動的に冷却装置が働き炉心を冷却するために水を送り込むようになっている。このような冷却装置は緊急炉心冷却装置（Emergency Core Cooling

System 略してECCS）と称されている。この他に原子炉を停止させる自動停止装置がある。

事もあろうに実験を遂行していた作業員達は、実験中にこれらの安全装置のスイッチを切っていたのである。一体誰の命令でスイッチを切ったのかは、今もって不明だそうだ。安全装置のスイッチを切るなどという、決してやってはいけないことをやったために生じた事故であり、起こるべくして起こった事故である。死者三一人を出したうえに、放射線が広範囲にわたってまき散らされた。

一方、アメリカのスリーマイルアイランド事故は一九七九年三月二八日に発生した。事故はペンシルバニア州サスケハナ川にあるスリーマイル島に建設された原子力発電所で起こった。事故の原因はほぼチェルノブイリ事故と同じである。

原子力発電所では原子炉内の核分裂から発生した熱で蒸気を作り、その蒸気でタービンを回し、発電機を回転させて発電する。原子炉内で発生した熱を取り出すためには冷却材（クーラントと呼ばれる液体、例えば水）を原子炉内に循環させる。もちろん冷却材は管の中を通るようになっている。原子炉内で熱を受け取った冷却材は、原子炉の外に取り出される。冷却材が水の場合には、原子炉から出てきた冷却水は温度が上がって蒸気になっている。この蒸気でタービンを回すのだ。タービンを回した後、蒸気は復水器というものを通過し、温度が下げられて普通の温度の水になり、再び原子炉内に送り込まれ熱を取り出す。このようにして冷却材は原子炉の運転中は常に循環しているのである。ただし原子炉の種類によっては原子炉から出た冷却材はいったん熱交換器を通して、そこから新たに別の冷却材（二次冷却材という）に熱をバトンタッチするものもある。二次冷却材がタービンを回す。この場合、原子炉から直接出てきた冷却材は一次冷却材という。冷却材を配管に通して原子炉内を循環させるためには当然ポンプが要る。

スリーマイルアイランドの原子炉では、冷却材に水を使っていた。冷却水である。事故はこの一次冷却水が管から漏れたために起こった。

冷却水が漏れると原子炉内を連続的に循環しなくなる。すると原子炉内の熱が外に取り出せなくなり、原子炉内に熱が貯まっていってしまう（この場合、エネルギーが貯まっていくと言ったほうが正確だ。熱は貯まるものではなく〝流れる〟ものであるから）。当然、炉心の温度は上がる。このような事態が発生すると自動的に補助ポンプが働き冷却水を補うようなしくみになっている。スリーマイルアイランド事故では、この補助ポンプが作動しなかったのである。もちろん「多重防御装置」として補助ポンプもいくつか設置されていて、一つの補助ポンプが作動しなかったら自動的に他の補助ポンプが作動するようになっていた。しかし別の補助ポンプへの連結もうまく作動しなかった。

原因は別の補助ポンプの弁が閉まりっぱなしになっていたことだった。普段はすべての補助ポンプの弁は開けっぱなしになっているはずであるが、事故が起こる前に行ったポンプの点検の際に誰かが弁を閉めてしまって、開けるのを忘れたらしい。このような事態が発生したら中央制御盤に異常が表示されるはずなのだが、見にくくて見落としてしまったという。さらにここでチェルノブイリの事故とまったく同じことが起きた。ECCS（緊急炉心冷却装置）のスイッチが作業員によって切られていたのである。そのために原発事故としては最も恐れられている炉心のメルトダウンが起きた。幸いにしてこの事故では炉心の一部が溶けただけに留まったため、爆発事故には到らなかった。この事故も作業員の不注意から起きたものであった。

日本の原発事故

さて日本での原発の事故はどうか？　チェルノブイリ原発事故は、低出力で原子炉の状態が不安定になったことが事故のひとつの原因であった。しかし日本の原子力発電所はそのような構造にはなっていないし、事故防止用の自動制御装置がチェルノブイリ原子力発電所のそれよりも遥かに優れている。日本の原子力発電所ではチェルノブイリ原発で起きたような大爆発はまず考えられない。しかしそれでも原発の事故は起こった。

これはあまりよく知られていないようだが、日本でもメルトダウン寸前の事故を起こしているのである。それは一九九一年二月九日、福井県にある美浜原発二号炉で起きた。原子炉一次冷却水が浄化装置を通ったあとの配管とバルブの溶接部付近に小さな穴があき、冷却水が噴き出したのだ。冷却水が噴き出すと原子炉内で冷却水が効率よく循環しなくなり、炉内で発生した熱が外に出なくなる。その結果、炉心の温度が上がり、しまいにはメルトダウンにいたる。

この原子炉は「加圧水型原子炉（Pressurized Water Reactor 略してPWR）」というもので冷却水には大きな圧力がかけられている。普通、水は一気圧の下では摂氏一〇〇度で沸騰するが、圧力が一気圧以上になると一〇〇度になっても沸騰しない。「沸騰」とは液体から気体（ガス状）に変化する現象である。何度で沸騰するかは圧力に依存し、圧力が高いほど沸点（沸騰が始まる温度）は高くなる。つまり圧力の高い水は一〇〇度になっても蒸気にならず、液体のままである。加圧水型原子炉では、その内部を通っている管の中を流れている水は高い圧力になっているため、摂氏三〇〇度ぐらいの高温でも沸騰せずに液体状の水のままになっている（一般に水と言うと液体を指すので〝液体状の水〟という言い方はおかしいが一〇〇度以上の高温でも液体のままという意味である）。

この高温の水を蒸気発生器に送り込み、発生させた蒸気でタービンを回し、タービンの回転が発電機に連結される。三〇〇度の液体状の一次冷却水が管の穴を通して連続的に漏れたということは、冷却水が原子炉内をうまく循環しなくなり、原子炉内から熱を取り出せない状態になるということだ。炉心の温度はどんどん上がってしまい、しまいにはメルトダウンにいたる。幸いにも美浜原発二号炉はメルトダウンを免れたが、放射線を含んだ冷却水の漏れの総量は一四・八トンにもおよんだ。事故の原因は欠陥工事であったらしい。

一九九五年一二月八日、同じ福井県の敦賀にある高速増殖炉「もんじゅ」が事故を起こした。高速増殖炉（原子炉の一種）については第四章で説明する。

この事故では二次系中間熱交換器出口配管からナトリウムが漏洩し、原子炉は手動で緊急停止した。純粋のナトリウムは金属の部類に入る。高速増殖炉では中の熱を外に取り出すための冷却材に、液体状のナトリウムを用いる（金属はよく熱を通す）。原子炉内を循環した液体ナトリウムは一次冷却材となり、一次冷却材が熱交換器というものを通して二次冷却材にバトンタッチされる。この二次冷却材のナトリウムが漏れた事故であった。二次系のナトリウムであるから、原子炉内から直接出たナトリウムが漏れたわけではなく、放射線漏れもなかった。しかし、もともとナトリウムという物質は他の物質と化学反応を起こしやすく、水とも激しく反応する。ナトリウムの取り扱いは決して簡単ではない。この事故では外に漏れ出たナトリウムが空気中の水分と猛烈に化学反応を起こし、もうもうたる白煙を放出したのである。原子炉そのものの事故ではなかったが、この事故も隠蔽されていた。

ＪＣＯの事故は一九九九年九月三〇日に起こった。この事故は高速増殖炉である実験用原子炉「常陽」の核燃料に使う硝酸ウラニル溶液を製造する過程で起きた。したがって直接の原発事故ではない。この硝酸ウラニル溶液の製造工程のマニュアルをＪＣＯが勝手に改竄《かいざん》していたのである（ここですでにやってはいけないことをやっていた）。したがってこの製造に携わった作業員は正規の製造マニュアルを使わず作業したことになるが、さらに悪いことには「臨界」とは何かを知らずに作業をしていたというのだ。

もう一度言う。「臨界」とは核分裂連鎖反応が自動的に持続し核がどんどん分裂を起こす現象のことだ。これが起こると分裂片が生成され、分裂片がベータ崩壊やガンマ崩壊を起こして多量の放射線（ベータ線、ガンマ線、中性子線）が放出される。作業員は「臨界」という言葉の意味をよく理解せずに作業した結果、硝酸ウラニル溶液を製造中、ウランの量が規定量を越え、溶液は臨界に達し、致死量以上の放射線を出す放射能が発生した。多量の放射線を浴びた結果、不幸にして作業員の方は亡くなった。これも起こるべくして起こった事故である。なんともやりきれない。

日本の原発事故はいま挙げた以外にもたくさんあるようだが、この本ではこれ以上は触れない。事故の簡単ないきさつはインターネットで調べるのが最も手っ取り早い。

原子力発電所の安全性

これまで見てきたように、原発のほとんどの事故は「人間」によって引き起こされている。「ずさんな管理」が原因として挙げられるであろう。原発の定期点検も徹底して行われなければならない。特に原発の場合「この程度なら大丈夫だ」という認識は許されない。

事故が起きて原発側が隠蔽しようとするのは「世間が騒ぎ立てる」ということと「誰が責任を取るか」というような問題が絡んでくるためであろう。しかしこれは必ずしも原発側だけを責めることはできない。そこには「説明したところで話が専門的になり、世間は分かってくれないだろう」という先入観もあるからだ。世間一般の人達がもう少し原子力の知識を持たねばならない。今、日本にある全原発の運転を停止したら、停電や節電だけでは済まなくなるだろう。

そこでこれは筆者からの提案だが、国が原発の運転員および作業員を教育する専門学校を全国に作ったらどうか。卒業にも厳しい規準を定め、資格検定試験を設け、これを司法試験なみに難しくする。その代わり初任給を高くし、昇給率も高くする。こうでもしないと徹底した原発管理は難しいのではないだろうか。また原子力発電所の定期点検は、外部の専門家からなる検査員にさせることである。

もう一つ、気になるのは地震対策である。日本の原子力発電所はすべて地震が発生しても震動が最小限度に収まるような地盤（岩盤）の上に建設されている。震度5以上の地震が発生した場合、制御棒が自動的に挿入され原子炉の運転は自動的に停止するようになっている。

原子力発電所はその基礎工事から「安全性」を第一に考慮して設計建設されている。事故が起きた場合にも事故の拡大を防ぐ「自動防御装置」が働くようになっていて、原子炉の運転が自動的に停止する。ただ原子力発電所も所詮は人間が作ったものである。百パーセント安全であるという保証は得られない。

近い将来、原子力に代わるエネルギー源が開発されるであろう。そしてそれが安全でかつ大量に得られ、さらにコスト安であれば（つまり実用になるということ）原子力発電とは「おさらば」ということになるであろう。ただここで注意しなければならないのは、人間には「エネルギー源」というものを作れないということである。これは自然の法則の一つである「エネルギー保存の法則」のためである。我々人間にできることは、この世にすでに存在しているエネルギー源を開発することだけである。

石油も石炭もすでに存在していたもので、人間が作ったものではない。原子力エネルギーも、核の中にすでに存在しているエネルギーを人為的に取り出すことによって得られるものである。太陽も人間が作ったものではない。太陽エネルギーも人間がこの世界に出現する以前にすでに存在していたのである。人間はエネルギーの源を作り出すことが絶対にできないということを記憶しておいてほしい。「創る」ことと「開発する」こととは全然意味が違う。

第四章 発電前・発電後の厄介事

ウラン濃縮と核燃料再処理

ウラン濃縮は難しい

前章では原子炉のしくみを説明した。本章では発電前に不可欠な「ウラン濃縮」の方法と、発電後に求められる使用済み核燃料の再処理について見ていこう。

くり返すが、天然ウランは九九・三%がウラン238で占められ、残りの僅か〇・七%がウラン235である。爆弾に使えるのはウラン235のほうだ。したがってウランで爆弾を作るにはウラン235を一〇〇%近くまで濃縮せねばならない。ウラン濃縮装置の建設だけで費用がかさむが、濃縮するプロセスにも金がかかる。なぜ金がかかるか？

ウラン235もウラン238も同じ物質だから、どちらも化学的性質はまったく同じであり、化学的には識別できない。だから重さの違い（物理的な違い）を利用して選別するしかない。

しかし重さの違いと言ったってほんの僅かである。核の重さは質量数（陽子数プラス中性子数）に比例するから（質量数が倍になれば重さも倍になる）、質量数の比を取ってみると$\frac{238}{235}=1.013$とほとんど1に近い。二つの重さはほとんど等しいのだ。

天然ウラン一キログラムには約10^{24}個ほどの核があるが、そのほとんどが爆弾には不適なウラン238である。重さの差がほとんどないこと、そして爆弾に必要なウラン235がほんの僅かしか含まれていないということ、この二点を考えただけでも、一〇〇%濃縮されたウラン235を作るのが難しいことは容易に想像がつくだろう。技術的に困難が伴うということは、そのまま高い費用に結びつく。ウラン爆弾はウランを一〇〇％近くまで濃縮しなければならないので、結局、「材料入手困難」となり、簡単には作れないのだ。

遠心分離法によるウラン濃縮

青森県六ケ所村にあるウラン濃縮装置は「遠心分離法」に基づいている。ウラン濃縮装置は原子力発電のみならず核兵器（ウラン爆弾）に直接結びつく。一〇〇％近くまで濃縮したウランは、そのまま原子爆弾になってしまう！　濃縮ウランが盗まれでもしたら大変だ。このためどこの国でも、一般の民間人には濃縮装置は見学を許されていない。しかし遠心分離法によるウラン濃縮の原理そのものは極めて簡単なので、ここに紹介しておく。

地上の空気は、軽いとはいえ地球によってもたらされた重力で下方に引っ張られている。もし重力がなかったら空気は地球から離れていってしまう。月の重力は地球の重力の六分の一程度で極めて弱い。そのため月には空気を引き止めておくだけの力はなく、したがって月には空気がない。

地上の空気には窒素、二酸化炭素、酸素、水素、ヘリウム（ヘリウムはあまり存在しないが）、といったような色々な分子が混合されている。地球重力のため窒素や二酸化炭素のような重い分子が地面近くに溜まりやすく、水素のような軽い分子は上空に行く。つまり重力は軽い分子と重たい分子を選り分ける能力を持っている。

普通の温度（常温と言う）ではウランは固体であるが、ウランは相当な高温になっても溶けない。重力によってウラン238とウラン235を選別するためには、どちらのウランも空気みたいな気体（ガス）状にしてやらなければならない。しかしウランは容易に溶けないので、ウランをフッ素（F）という元素と化学反応させ、六フッ化ウランという化合物にしてやる（化学記号はUF_6 ウラン原子U一個とフッ素原子F六個がくっ付いた分子）。

ウランそのものは容易にガス状にはならないが、いったん六フッ化ウランになると低い温度でも簡単にガス（気体）状になってしまう。天然ウランにはウラン238とウラン235が含まれているので、天然ウランを六フッ化ウランという化合物にしてやると、六フッ化ウラン238と六フッ化ウラン235の混合体となる。六フッ化ウランになっても、ウラン238やウラン235の核そのものには何の変化も生じない。

では気体状にした六フッ化ウランを空気中に出したら、地球重力によって軽いほうのウラン235は上方に行き、重いほうのウラン238は下方に溜まって選別できるだろうか？　この方法は、素人が考えても実用的でないことくらいすぐ分かるだろう。ではどうするか？　人工重力を作るのである。

ぐるぐる回っている大きな円盤上（例えば遊園地のメリーゴーラウンド）の端に立っていると外側に飛ばされそうになる。この回転によって外側に働く力を「遠心力」と言っている。ここで不思議に思わねばならないのは、回転している円盤の端に立っていると、誰も外側に向かって押してもいないのに、つまり直接力が加えられていないのに、外に振り落とされそうになることだ。このように外力が加えられていない状態で、あたかも力が加えられているかのように物体に作用する力は「慣性力」と呼ばれている。車や電車が急停止すると誰も乗客に力を与えていない（押してない）にもかかわらず、乗客は進行方向に力を受けることが、慣性力の例としてよく挙げられる。

遠心力も慣性力の典型的な例である。車のダッシュボードに財布などを置いておき、車がカーブすると財布はひとりでに動きだす。これも遠心力、すなわち慣性力が財布を動かすのである。かのアインシュタインは「重力」と「慣性力」は本質的に区別はできないとし（これを等価原理と言う）、それが出発点となって「一般相対性理論」を生み出した。つまり「遠心力」と「重力」は区別できないのである。だから遠心力は人工的に作り出した重力となりうる。

今、人間一人が余裕を持って入れるくらいの、かなり大きな筒を用意する。この筒は回転ができるようにその中心に回転軸がある。この大きな筒を重力のない宇宙空間に持って

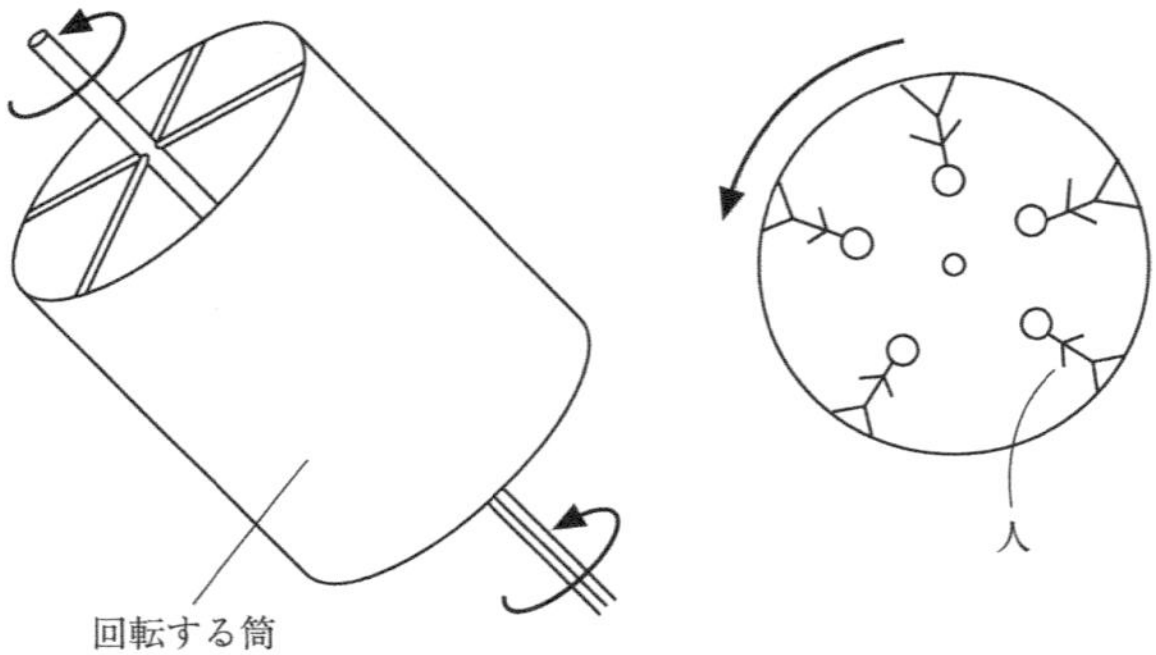

図 21　人工重力

いく。この筒に人が入っていて、筒は軸の周りを回転する。するとその人は遠心力のため回転している筒の内壁に押し付けられる。図21に見られるように、その人は筒の内壁があたかも地面であるかのように、内壁に対して立っていられる。

筒の回転数を調節することによって、内壁に押し付ける力、つまり遠心力を変えることができる。とすると遠心力の強さを地上の重力の強さとまったく同じに調整することもできる。遠心力と重力とは区別のつけようがないので、回転している筒の中にいる人は地面に立っているのとまったく同じ状態にある。これが人工重力である。

しかし回転している筒内に発生する重力は地上の重力と比較して次の点が異なる。地上における重力の強さは高さに関係なく一定である（実際には少し異なるがほとんど変らない）。一方、図21において回転している筒の中に発生する重力の強さは、筒の回転軸のある筒の中心から外側に向かう筒の半径に比例し、筒の中心では重力が最も弱く（重力ゼロ）、筒の内壁に近づくほど重力は強くなっていく。また重力の方向は筒の中心より外側に向かう。したがって回転している筒の中で重力が最も強いのは筒の内壁である。

地上では重いものほど重力が強く作用し（だから重い）、軽いものほど重力は弱く作用する（だから軽い）。同じく回転している筒の中に発生する重力も、重いものほど強く作用し軽いものほど弱く作用する。ということは、筒の中では重いものほど内壁に強く押し付けられることになる。地上と比べると筒の内壁は地面に相当し、筒の中心付近は上空に当たる。

ここでこの回転している筒を密閉し、その中に空気を入れてみる。すると水素のような軽い分子には重力は弱く作用し、窒素のような重たい分子には重力は強く作用するので、軽い分子は筒の中心付近に、重い分子は筒の内壁付近に溜まるようになる（コップに砂を入れると底のほうに重い砂粒が溜まるのと同じように、回転する筒の内壁に重いものが押し付けられる）。このように、回転している筒の中では、人工重力（遠心力）によって軽い分子と重い分子をある程度選別できる。

筒が回転し始めて少し間を置くと、空気も筒と一緒に回転するようになる。そこでガス状になった六フッ化ウランをこの回転している筒の中に入れてやる。この筒はもちろん宇宙空間ではなく、地上に置かれているから、地球による重力も作用する。しかし気体は軽いし、地球大気の高さに比べたら筒の高さは極めて低いので、筒の中にある六フッ化ウランは地球重力の影響をほとんど受けない。つまり筒内の中心付近には、人工重力によって、六フッ化ウラン235がほんの僅かばかり「濃縮」されていることになる。そこで筒内の中心から六フッ化ウランを吸い取ってやる。これが「遠心分離法」によるウラン濃縮の原理である。筒の半径や回転速度などは公開されていないようだ。

筒内にある個々の六フッ化ウラン分子は、筒の回転速度の二乗に比例した遠心力（人工重力）を受ける。つまり回転速度を倍にすると遠心力は四倍になる。結局、やや重い六フッ化ウラン238の分子は筒の内壁に強く押しやられ、やや軽い六フッ化ウラン235は重力（遠心力）がそれほど強く作用しないので筒の中心付近に留まる。しかし六フッ化ウラン238と六フッ化ウラン235の重さの違いはわずかだから、まだまだ両方の分子は筒内のどの部分においても入り混じっている。

吸い取られた六フッ化ウランをまったく別に用意された筒の中に入れる。その筒を回転させるとまた同じ事が起こって、筒内の中心付近にはより多くの六フッ化ウラン235が溜まる。さらにその筒の中心から六フッ化ウランを吸い取って、別の筒に入れてやる。沢山の筒を用意して次々に六フッ化ウランを入れてやると、筒の中心に溜まった六フッ化ウランの濃縮度は徐々に大きくなっていく。こうして濃縮された気体状の六フッ化ウランは化学処理されて、粉末状の二酸化ウランになる。

その他の濃縮法

ウラン濃縮法は遠心分離法以外にも「ガス拡散法」、「レーザー法」などがある。ガス拡散法においてもやはりウランを気体状の六フッ化ウランに変え、軽い分子（六フッ化ウラン235）は重い分子（六フッ化ウラン238）よりも速く走るという「速度差」を利用して濃縮するのである。

レーザー法はどうか？　電子をたくさん集めて加速すると細い「電子ビーム」ができる。この電子ビームを金属状の天然ウランに当ててやると、金属ウランは加熱され蒸気状（気体状）になる。このウラン蒸気に今度はレーザー光を当てて、ウラン235だけを「イオン化」する。

ウラン蒸気は中性のウラン原子よりできており、核の周りに電子が回っているという構造をしている。レーザー光が当たると核の周りを回っている電子一個がもぎ取られてしまう。電子はマイナスの電気を帯びている。もともと電気的に中性であった原子から電子がもぎ取られてしまうと、その原子はマイナス不足となって原子の正味の電気量はプラスとなる。これがイオン化だ。つまりレーザー光によってウラン235の原子はイオン化され、プラスに帯電することになる（この辺の詳しい説明は割愛する）。

いったんイオン化された（プラスになった）ウラン235の原子を取り出すのは、技術的に非常に楽である。なぜならプラスのウラン235原子は、マイナスの電気に容易に引き付けられるからである。日本でもこのレーザー法によるウラン濃縮の研究がなされているが、まだ実用段階に入っていないようだ。

プルトニウムの利点

さてこのようにウラン濃縮について見てくると、プルトニウムの利点がより浮き彫りになる。

プルトニウム239は鉱山には存在していない。プルトニウム239は原子炉運転中に核分裂を起こして蓄積されていく。原子炉内にはプルトニウム239以外にプルトニウムのアイソトープはほとんど含まれていないから（後で述べるが少量のプルトニウム240が含まれている）、プルトニウムは化学的手段で比較的容易に摘出できる。したがってプルトニウム爆弾の材料は、ウラン爆弾に比べてずっと手に入りやすい（しかし大量のプルトニウムを得るにはプルトニウム分離施設が不可欠である)。

結局、プルトニウム爆弾はウラン爆弾に比べて次の二つの利点を持つことになる。

1. 濃縮という過程がいらない。

2. 一回の分裂で飛び出る中性子の数が大きいために臨界量が小さくてすむ(爆弾の大きさがそれだけ小型になる)し、ウラン爆弾より威力が大きい。

長崎に投下されたのはプルトニウム爆弾で、広島のはウラン爆弾であった。威力としては長崎(プルトニウム爆弾)のほうが大きかったのである。ただ広島は地形的に平らであるのに対して長崎には起伏があったため、広島の被害のほうが大きい結果となってしまった。

高速増殖炉(FBR、Fast Breeder Reactor)

ウラン鉱山から採掘された天然ウランの九九・三%は原子爆弾にも原子炉にも使えないウラン238である。しかしその役立たずのウラン238の核が中性子を吸収すると、二度のベータ崩壊をした後、原子爆弾にも原子炉にも使えるプルトニウム239という核に変る。つまり役立たずが役に立つようになる。

原子炉に天然ウランを使っても原子炉は臨界に達し得る。天然ウランの僅か〇・七%のウラン235が核分裂を起こし、そこから発する中性子が核分裂連鎖反応を起こすわけだ。発生した中性子は連鎖反応を起こすのに使われるばかりでなく、役立たずのウラン238にも吸収され、その結果プルトニウム239が生成される。そのまま蓄積されるプルトニウムも出るが、中性子を吸収して核分裂を起こすプルトニウムもある。そして、その分裂からも新たに中性子が放出され、それもまた役立たずのウラン238に吸収されて役に立つプルトニウム239に変容する。こうなると役立たずのウラン238を経由してプルトニウムがプルトニウムを生むという結果になる。

このような反応がスピードの大きな（速く走る）中性子によって引き起こされると、核分裂を起こしてエネルギーを発生させる（消費される）ウラン235やプルトニウム239の数よりも、核分裂を起こさないまま（消費されずに）蓄積されていくプルトニウム239の数のほうが多くなることが分かった。これは中性子のスピードが大きくなるほど、それによって引き起こされる分裂から発生する中性子の数が多くなるからである。したがって中性子を減速しないまま連鎖反応を起こしたほうがよい（減速材を使わないということ）。核分裂によって生じた中性子は高速で飛び回るが、そのまま減速せずにウラン核に吸収させるのである。減速されていない中性子を高速中性子（fast neutrons）という。

高速中性子を使うと、ウラン235やプルトニウム239が消費（分裂を起こすこと）されるよりもプルトニウム239が産生される量のほうが大きい。これに目を付けて開発されたのが「高速増殖炉」という原子炉である。原子炉を使ってエネルギーを出しつつ、同時に核燃料（プルトニウム239）が増殖されていく（燃料を使いつつ燃料が増えていく！）という意味でこのように命名された。実際の高速増殖炉では、核燃料としてウラン・プルトニウム混合酸化物燃料（ＭＯＸ、Mixed Oxide Fuel）を使っている。ここでウランというのは天然ウランのことであり、燃料にははじめからプルトニウムを混合させている。

高速増殖炉から熱を外に取り出してその熱で発電するためには、原子炉内に冷却材（クーラント）を通さねばならない。この冷却材が原子炉内で核分裂によって発生した熱を外に取り出す役目をする。この熱が発電用エネルギーとなる。当然冷却材として熱をよく伝える物質が要求され、高速増殖炉の場合は液体状の金属ナトリウムが使われている（金属は熱をよく伝える）。

結局、高速増殖炉は動力用と併用してプルトニウム生産装置にもなっているのである。普通の原子力発電所に使われている原子炉は減速材（主に水）を使っているので燃料の増殖作用はなく、プルトニウムは蓄積されてもごく僅かである。

日本には「常陽」と「もんじゅ」と命名された高速増殖炉がある。「常陽」は実験炉で「もんじゅ」は実際に発電する実用炉である。この「もんじゅ」が事故を起こしたことはすでに話した。他の物質と化学反応を起こしやすいというナトリウムの持つ〝欠点〟から起きた事故であったが、普段の点検を厳重にしておれば防げただろう。

ウラン燃料はウラン鉱山から採掘して得るものであり、日本では原子力発電をまかなうだけのウランを自給することはできず、輸入に頼らざるを得ない。さらにウランは石油と同じように、使っていけばいつかはなくなるものである。このことを考えると、高速増殖炉によってプルトニウムを産生し、そのプルトニウムを核燃料として原子炉に使えば、原子力発電はウランだけに頼る必要はなくなる。ただしプルトニウムは原爆にも使えるということを忘れてはならない。

劣化ウラン弾

遠心分離法によってガス状にした天然ウラン（六フッ化ウラン）を濃縮する過程で筒の中心部にウラン235が溜まっていき、外側（内壁）にウラン238が溜まっていく。遠心分離を何回も繰り返すと、筒の内壁側にはどんどんウラン238が溜まっていく。欲しいのはウラン235であってウラン238ではない。したがって遠心分離器でウラン235を多く含む濃縮された部分だけを取り出した後、ウラン238を多く含む部分は「カス」として残る。気体状のこのカスを、化学的処理で固体化したものが劣化ウランである。

カスの大部分を占めるウラン238は放射能を持ち、アルファ崩壊してアルファ粒子(陽子二個と中性子二個が結合された粒子)を放出する。つまり劣化ウランは放射線(アルファ線)を出す。アルファ粒子は電子の二倍の電気量を持つので、人体細胞と電気的に極めて強く反応する。

ウラン238の比重(密度)は鉄の二・五倍もあるので非常に硬くて重い。すなわち砲弾の芯にもってこいの材料である(貫通力が大きい)。これが劣化ウラン弾である。

ウラン238でできている劣化ウラン弾が物体(例えば戦車)を貫通すると、その際、摩擦熱で微粒子となったウラン238が空気中に飛び散って空気と混合してしまう。すると空気中のウラン238はアルファ崩壊し、アルファ線が放射され、空気はアルファ線という放射線に汚染される。戦場の人間(兵士や一般市民)がその空気を吸うと、ウラン238やアルファ粒子が肺に吸収され肺ガンを起こす。劣化ウラン弾は原子爆弾ではないが、れっきとした核兵器である。

使用済み核燃料

続いて使用済み核燃料の話に移ろう。

原子炉内に入れてある核燃料は、具体的にどのように入れられているのだろうか。二〇〇二年の夏、私が柏崎原子力発電所を見学した時、案内人の方（お名前を忘れてしまったが大変親切な人だった）が燃料棒そのものを直接見せてくれた。

原子炉用の核燃料はセラミック状に焼き固めたウラン酸化物（ウランと酸素の化合物）で、筒状のペレットにしてある。なぜ酸化物にするかというと、このほうが高温になっても簡単には溶けないからである。ウラン原子が他の原子と化学的に結合しても、ウラン核はウラン核のままなので核の分裂現象には何の支障もきたさない。さらに放射線にも耐えうるようになっている。

いくつもの筒状のペレットを縦に積み重ねたのが燃料棒になっているのだが、燃料棒はさらに被覆管で覆われている。これら燃料棒の入っている被覆管が規則正しく原子炉の中心部に並べられており、これが「炉心」を形成する。

さて、原子炉（軽水炉）を運転していると色々な物質が蓄積されていく。まずウラン235が分裂を起こすと分裂片が蓄積されていく。すでに説明したように、ウラン235は必ずしも均等に真っ二つに分裂するわけではない。一回の分裂で生じた二つの分裂片は、一方が重くもう一方が軽い場合が多い。分裂片は核が分裂して生じたものだから分裂片自身も、ウラン核よりは軽い核となっている。つまり分裂片も原子核である。

分裂片にはストロンチウム90やセシウム137などの核がある。これらの核（分裂片）は放射能を有し、放射線を出す。主にベータ線（電子）、ガンマ線（エネルギーの高い電磁波）、そして中性子線である。したがって分裂片が蓄積されていくと、原子炉内で放射される放射線はその強度を増していく。一方、原子炉を運転していくうちに当然ウラン235核の数は減っていく。ところが分裂片自身も中性子を吸収する。特にクセノン（Xenon）という分裂片（核）は中性子を吸収する確率が極めて高く、そのような分裂片は「毒物（poison）」と呼ばれている。中性子が分裂に使われることなく無駄食いされて毒物となるわけである。

このように分裂片は中性子を無駄食いするため、分裂片が蓄積されていくと原子炉は臨界を維持するのが困難となっていく。この時点で分裂を起こしていないウラン235核はまだ残っているのだが、核分裂を引き起こす主役である中性子の数が減ってくると連鎖反応を維持できなくなるので、その前に原子炉運転を停止して核燃料を新しい核燃料と取り替えなければならない。

一方、ウラン238が中性子を吸収した結果、核分裂が可能なプルトニウム239ができるので、原子炉内にはプルトニウム239も蓄積されていく。しかし軽水炉の場合は燃料を取り替える時点では一％ぐらいしか含まれていない。原子力発電の場合、燃料交換はいっぺんに全部行うわけではなく、一度に三分の一から四分の一ぐらい交換される。結局、原子炉から取り出された核燃料には、まだ核分裂を起こしていないウラン235、プルトニウム239、そして放射能の強い分裂片が含まれているわけだ。

分裂片、燃え残りの（まだ核分裂を起こしていない）ウラン235やプルトニウム239は当然、燃料棒にある。その燃料棒は被覆管の中にはいっている。そこで、取り出した使用後の被覆管を「使用済み核燃料」と呼ぶ。被覆管に詰められているので、使用済み核燃料の量は通常、本数で表される。何本の使用済み核燃料……という具合に。使用済み核燃料は次に説明する再処理まで、いったん保管用プール（水）に貯蔵しておかれる。

再処理

使用済み核燃料（燃料棒）にはまだ核分裂を起こしていないウラン235やプルトニウム239が含まれている。そのまま捨ててしまうのはもったいない。そこで使用済み核燃料のリサイクルが考えられた。これが「燃料再処理」である。再処理によってウラン235やプルトニウム239を摘出するわけだ。これはウラン濃縮とは異なり、技術的にはそんなに難しくはない。ただ再処理によって一度に大量のプルトニウム239を摘出することはできない。使用済み核燃料をかなり溜めないと、まとまった量のウラン235やプルトニウム239は得られない。この一連の再処理を行う現場は「再処理工場」と呼ばれている。

重要なことなのでもう一度繰り返すが、核燃料としてのウランをいつまでも炉心に入れておくと、連鎖反応によってウラン核が次々と分裂を起こしていくからウラン核の数も当然減っていく。この間、ウラン238がプルトニウム239に転換されていき、プルトニウム239も中性子を吸収して核分裂を起こす。では最後の〝一核〟が分裂するまで燃料を炉心に置いておいていいかというと、そうはいかない。

炉内では常に連鎖反応を維持できるくらいの中性子数がどうしても必要となる。連鎖反応が進行していくと、バリウム、クセノン、ストロンチウム、セシウムなどの分裂片が次々と貯まっていく。これらの分裂片が中性子を食べてしまう（中性子を吸収する）。そうなるとまだまだ分裂を起こしていないウラン核やプルトニウム核が残っていても、中性子不足のために核分裂連鎖反応が維持できなくなり、炉は臨界以下となってしまう。そうなる前に燃料棒を新しいものと取り替えてやらねばならない。つまりまだ核分裂を起こしていない燃え残りのウラン核やプルトニウム核が残っていても、燃料を取り出さねばならない。臨界を維持するためには、最後の〝一核〟が燃えるまで待てないのだ。

取り出された燃料は再処理工場に運ばれて再処理され、残っていたウランやプルトニウムが摘出される。このようにして再処理された燃料は再び核燃料として炉心に入れられる。

ところで再処理された燃料にはウランとプルトニウムがある。そこで再処理された燃料からウランとプルトニウムを混合した燃料を作り出すことができる。これがMOX燃料である。ウラン燃料を使わずに、はじめからMOX燃料を使用した原子炉が「プルサーマル原子炉」である。

以上をまとめると次のようになる。鉱山からウランを採掘し天然ウランを取り出す。その天然ウランを濃縮装置に通して濃縮する。この濃縮されたウランを核燃料として炉心に入れてやる。しばらく燃やした後、一部の燃料（使用済み核燃料）を取り出して再処理工場に送り、燃え残っているウランを取り出す。軽水炉ではウラン238からプルトニウム239への転換率はあまり高くないので、再処理された燃料に含まれているプルトニウムの含有量は一％程度である。再処理で取り出したウランは燃料棒に詰めて再び炉心に入れられる。これが「核燃料サイクル」だ。

厄介な放射性廃棄物

前に原子力発電から大気汚染の原因となるものは一切排出されず、原子力発電はクリーン発電であると言った（事故によって放射線が外に漏れ出ない限りにおいては）。原子力発電を運転している最中は確かにそのとおりである。問題はここから先だ。使用済み核燃料を再処理した後、つまりまだ燃えていないウラン235とプルトニウム239を取り去った後の残りは「廃棄物」と呼ばれている。

「使用済み核燃料」と「廃棄物」とが混同されがちなのでここでもう一度強調しておこう。「使用済み核燃料」はまだ使える燃料、すなわちウラン235やプルトニウム239が残っている燃料棒の入った被覆管のことを言う。「廃棄物」は使えるウラン235やプルトニウム239を取り去った後のものを言う。つまり廃棄物には燃料が残っていないが、使用済み燃料にはまだ少し燃料が残っているのである。廃棄物は事実上、放射線を出す分裂片ばかりである。このため「放射性廃棄物」と呼ばれて他の単なる廃棄物と区別されている。

放射性廃棄物にはそれこそ10^{24}個という桁数の分裂片が含まれているのである。一個一個の分裂片から電子（ベータ粒子）やガンマ線が出るわけだが（つまり崩壊する）、一個一個の分裂片が放射線を出す時間がまちまちで、異なった時間に崩壊して放射線を出す。分裂片の崩壊は（というより放射性元素の崩壊は）確率的であって、人間にはいつ崩壊するのか分からないと、第二章でも説明した。一つの分裂片が放射線を出す「行動」は、他の分裂片が放射線を出す行動に何ら影響を与えない。つまり一つ一つの分裂片の放射現象は、他の分裂片に関係なくまったく独立に起こる。

「量子力学」という理論に訴えると、どのような確率で分裂片が崩壊し、各種の分裂片の「半減期」がどうなのか計算できる。半減期については先に説明したが、そこでは放射性元素に対する半減期を述べた。放射性元素を構成している原子の核の一つ一つが崩壊によって別種の核に変ってしまうので、変る前の元の原子の数は時間とともに減少していく。最初にあった元の原子の数が崩壊によって減少し別種の元素になる。その数が半分になるまでの時間のことを半減期というのであった。

半減期は、崩壊開始前にあった同種の原子の数（すなわち核の数）には関係なく、崩壊前の原子がいくつであろうとも一定値をとる。したがって、たった一つの分裂片に対しても、半減期を当てはめることができる。たった一つの分裂片の場合、半減期が短いということは分裂片が生じてから短い間に崩壊して放射線を出す確率が極めて高いということであり、半減期の長い分裂片はなかなか崩壊しないということになる。

しかし、分裂片にはクセノン、ストロンチウム、バリウムなど多種の核がある。そこで実際問題として10^{24}個のウラン核やプルトニウム核が連鎖反応によって分裂を起こすことを考えると、大量の分裂片の中に例えばストロンチウムがたった一個などとは考えられない。相当な数の同じ種類の分裂片が存在することになる。例えばクセノンの分裂片が五兆個というように。したがって放射能を持つ分裂片に対しても「同じ種類の核の個数が崩壊して半分になるまでの時間」すなわち半減期が適用できる。放射性廃棄物には色々な種類の分裂片が混じっており、半減期もそれに応じて異なる。

放射能にも半減期がある

さて仮に（仮にですよ）、この放射性廃棄物をそこいらにポイと捨てたとしよう。たちどころに放射線が空気中にまき散らされる。ここで問題は、放射性廃棄物から放射線が永久に放射されっぱなしなのかということである。そんなことはあり得ない。ここに「半減期」の意味が出てくる。例えば分裂片の一種であるセシウム137（原子番号55、Cs137）を考えてみる。最初にセシウム核が四兆個あったとする。セシウムがベータ崩壊して違う元素バリウムになる。元のセシウムの数は時間とともに減少していく。四兆個のセシウム核が半分の二兆個にまで減るセシウム137の半減期は、三〇年である。

ここで「放射能」をあらためて定義する。核が崩壊するということは、その核からエネルギーが放射されるということである。このエネルギーは核から飛び出た電子などの粒子によって持ち去られる（電子の場合は創生される。核の中に電子など存在していないからだ）。四兆個の核から一分間当たりに放射される放射粒子（例えば電子）のことを、その元素の放射能という。これはその元素の放射能力を示す。放射能力が小さければ一分間当たりに少数の粒子しか放射されない。しかし時間がたつにつれて粒子を放射する核の数が減ってくるので、放射される粒子の数も減ってくる。当然、放射能力も弱まっていく。

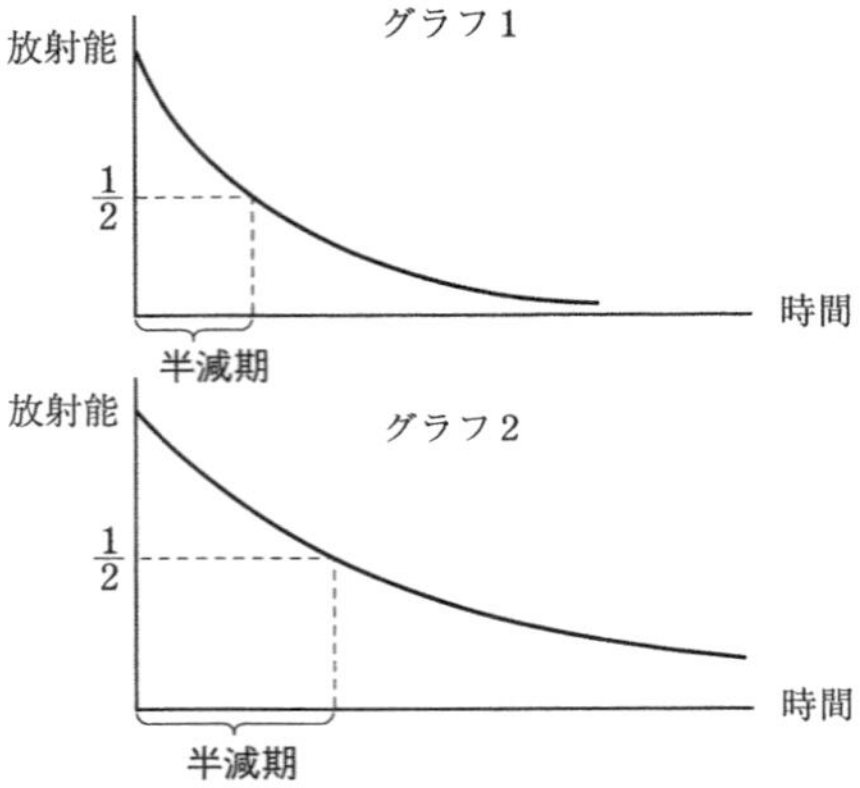

図22　放射能の減衰

つまり元素の持つ放射能というものは、時間とともに弱まっていくのである。放射能にも「半減期」が適用され、その放射能の強さが半分に減るまでの時間も半減期という。この半減期の値は放射する核の個数が半分になるまでの「半減期」と一致している。

セシウム等のある特定の放射性元素の放射能が時間とともに弱まっていく様子は、図22のようなグラフの曲線で表される。縦軸に放射能、横軸に時間を取る。縦軸の下に行くほど放射能力は弱まり、横軸では右に行くほど時間は増える（時間というものは必ず増えるものである）。

この放射能の時間に対する減衰の仕方は「指数関数的に減衰する」という。その他どんな放射性元素の放射能も時間とともに指数関数的に減衰する。

グラフ1とグラフ2を比べてみると、グラフ1で表された放射能のほうが早く減衰していることが分かる。したがってグラフ1の半減期のほうがグラフ2の半減期よりも短い

（崩壊の仕方が早い）。どちらのグラフも数学的には指数関数となっている。半減期は横軸の時間を基準にとっても、その基準時間に相当する縦軸の放射能が半分に減衰するまでの時間はまったく同じで、「半減期」は時間の経過に無関係である。これが指数関数の特徴である。なぜ直線的にではなく指数関数的に減衰するのかは、自然がそのようになっているのだとしか言いようがない。

放射性廃棄物の中にある分裂片の数は当然、有限である。したがって放射能が時間的に減衰していくということは、いつかは必ず放射能がゼロになることを意味する。ゼロになる前に、すでに放射能はかなり減衰してしまっているので、人体に対してはある時点からは事実上無害になる。例えば分裂片であるストロンチウム90の半減期はほぼ三〇年だが、三〇年間同じ強さの放射線（ベータ線）を出し続けるというわけではない。三〇年後にはかなり減衰してしまっている。

しかし、それにしても放射性廃棄物をその辺に捨てるわけにはいかない。前にも言ったように、放射性元素の半減期を変えることはできない。ではどうするかといえば、放射性廃棄物の周りを十分に遮蔽したうえで地下深くに埋めるのである（場所にもよるが深さは五〇〇メートル前後）。もちろん、地中に埋められてもそこから放射能は出る。その強さは時間とともに減衰していき、最後には問題はなくなる。しかし半減期が三〇年あれば、弱まるとはいえ、長い間放射線は出る。

問題は埋める場所である。現在、日本では埋める場所は青森県の六ケ所村にある。将来、埋める場所も増えることになる。どこへどのくらい深く埋めるかは目下の懸案である。いまのところ、この問題はさほどクローズアップされていないようだ。

第五章　濃縮は不要、構造は複雑

プルトニウム爆弾のしくみ

プルトニウム240の自発核分裂

プルトニウム爆弾は図9（六五頁）に示されているようなガン式を使用することはできない。なぜか？　実を言うと使用済み核燃料に含まれているプルトニウムには、プルトニウム239ばかりでなく、そのアイソトープであるプルトニウム240も少量含まれているからである。

原子炉内でできたプルトニウム239は、中性子を吸収しても分裂を起こさず、そのまま中性子数が増えて、プルトニウム240になる場合がある。中性子が余分なエネルギーを核内に持ち込むので、プルトニウム240は不安定になるが、ガンマ線を放出することによってそのエネルギーを下げる。ガンマ線を放出しても核の内部構造は変らない（陽子数も中性子数も変化なし）。したがって、原子炉内ではウラン238はプルトニウム239に転換されるばかりでなく、プルトニウム240に転換されることもある。

プルトニウム240の内訳は、

プルトニウム240：陽子数94、中性子数146

となっている。これは「偶数－偶数」の関係にある。核分裂を起こしやすいのは「偶数－奇数」の関係だから、プルトニウム240は核分裂を起こさないか？　とんでもない。それどころか外部から中性子を吸収しなくてもひとりでに分裂を起こす代物なのだ。核が中性子を吸収することなく自ら核分裂を起こす現象は「自発核分裂」と呼ばれている。自発核分裂は量子力学的なトンネル効果によって生ずるものである（トンネル効果については後述。詳しくは拙著『量子力学のからくり』講談社ブルーバックスＢ１４１５の第７章を参照して頂きたい）。

プルトニウム240が自発核分裂を起こすと、分裂片は御多分に漏れず「中性子数／陽子数」の安定比から大きくずれているので、中性子過剰となっている。プルトニウム240が自発核分裂すると、やはり中性子が飛び出してくるのである。つまりプルトニウム240は中性子源ともなり得る。

図９をもう一度見ていただきたい。ウランのかわりに砲弾側もターゲット側もプルトニウムに置き換えてみる。そうすると、二つのプルトニウムがぶつかって一つの塊になると一挙に超臨界に達し、その瞬間にイニシエイターから中性子がどっと噴き出して核分裂連鎖反応が暴走し、大爆発が起きるはずである。

ところがプルトニウムにはプルトニウム239と、少量のプルトニウム240が混じっている。砲弾がターゲットめがけて突進する。しかし合体する寸前にすでにプルトニウム240が自発核分裂を起こし、そこから中性子が飛び出して分裂連鎖反応をスタートさせてしまっている。つまり砲弾がターゲットにぶつかって超臨界に達する前に、すでに分裂連鎖反応が盛んに起こってしまっていることになる。

こうなると砲弾とターゲットが融合して超臨界に達する以前に温度と圧力が急上昇し、まだほとんどの核が分裂を起こす前に小爆発（早期爆発）を起こしてしまう。いったん小爆発を起こしたら、もはや臨界未満となってそれ以上分裂連鎖反応は進行しない。ほとんどのプルトニウム核は分裂を起こさないまま終わってしまう。このようなわけで、プルトニウム爆弾の形式としてガン式は不向きなのである。

複雑なプルトニウム爆弾の構造

第二次世界大戦中、アメリカのニューメキシコ州にあるロスアラモス研究所で「インプロージョン式プルトニウム爆弾」が開発された。

まず臨界未満（臨界量以下）のプルトニウム（プルトニウム239の他にプルトニウム240が少量混じっている）の球体五キログラムぐらいを用意する。これは完全球体でなくてはならない。臨界未満であるからプルトニウム240が自発核分裂を起こして中性子を発生し、連鎖反応が起こったとしても、プルトニウム球の外へ相当量の中性子が逃げて行って周りの分裂を起こさない物質に中性子が吸収されたりするので、わずかな分裂連鎖反応が起こっても決して持続することはない（これが臨界未満という意味）。

このプルトニウム球の周りから、一様にそして急激に、球をその内側に圧縮する（これをインプロージョン、爆縮と言っている）。圧縮（爆縮）する圧力はプルトニウム球が一気に小さくなってしまうほど強力なものでなくてはならない。このようにあっという間にプルトニウム球が小さくなると、その密度（単位体積あたりのプルトニウム核の数）が急増する。小さくなる前と後で球内のプルトニウム核の数は変化しないから、球が小さくなれば密度は大きくなる。

密度が大きいとは、隣同士の核と核の隙間が狭まることを意味する。つまり10^{24}個ほどの核がびっしりと詰められている状態だ。こうなると中性子がどの方向に向かって走ろうとも必ずどれかの核にぶつかり、分裂反応を起こす確率が極端に増す。さらに球が小さくなればその表面積は小さくなる。それだけ中性子が球の表面から逃げていく数が激減するので、ほとんどの中性子が有効に核分裂を起こす。この状態になると、プルトニウム球は臨界未満から一気に超臨界に達し、核分裂連鎖反応は暴走し大爆発を起こす。これがインプロージョン式（爆縮式）プルトニウム爆弾の概要である。

ではなぜ、この爆縮式の爆弾がプルトニウム240の自発核分裂の問題を解決するのか。その答えは、臨界未満の状態から超臨界の状態になるまでにかかる時間にある。爆縮式はガン式に比べるとそれが非常に短いのだ。だから、プルトニウム240の自発核分裂によって生じる中性子が、連鎖反応を起こす暇がない。プルトニウム球が圧縮されて、超臨界になった瞬間、中性子源から中性子が噴き出して、はじめて連鎖反応が起こる。

こう話すといかにも簡単なようだが、実は大変な技術的問題が絡んでいたのである。ロスアラモス研究所で考案されたものは次のようなものだ。まず臨界量以下のプルトニウム球を真っ二つに分割し、二つの半球を得る。次に一つ一つの半球の中心（半球になる前の球の中心）に窪みを作る。二つの半球を合わせて一つの球にした場合、その球の中心に空洞ができるようにするのである。

この空洞に中性子発生装置（中性子源）をはめ込む。この中性子源は次のような構造になっている。プルトニウム球の中心の空洞にポロニウム（原子の名前）を置き、その周囲をアルミニウム・フォイルで包み、さらにその周りをベリリウム粉が囲む（ベリリウムも原子の名前）。

ここでプルトニウム、ポロニウム、ベリリウムという三つの元素をはっきり区別してほしい。プルトニウムの核には九四個の陽子、ポロニウムの核には八四個の陽子、そしてベリリウムの核にはたった四個の陽子しかない。このポロニウム、ベリリウムの組み合わせがすぐ後で説明するように中性子源として作用するのである。

図23はプルトニウム・コアと称されるものである。今もしアルミニウム・フォイルを取

り除いたとしよう。中心のポロニウムはアルファ崩壊してアルファ粒子（ヘリウム原子核）を出す。アルファ粒子がベリリウム核に吸収されると中性子が発生する。これが中性子源となる。

しかしアルミニウム・フォイルがあるとどうなるか？ 図23からも分かるように、ポロニウムから出たアルファ粒子は周りをぐるりと包んであるアルミニウム・フォイルにどうしてもぶつかる。

図23　プルトニウム・コア

アルファ粒子は物体に入り込むとすぐ反応して、そこでストップしてしまう。アルファ粒子（アルファ線）には物質を透過する能力がないのである。だからアルファ線はアルミニウム・フォイルに完全に吸収されてしまって、その外側にあるベリリウム粉にまで達しない。そうなるとアルファ粒子がベリリウム核に吸収されないので中性子は発生しない。

だからプルトニウム・コアは安全である。

タンパー（中性子反射体）

さて、このプルトニウム・コアを、周りから強力な圧力をかけて中心に向かって圧縮（爆縮＝インプロージョン）し、小さくするとどうなるか。当然、臨界未満であったプルトニウム・コアは一気に超臨界の状態になる。この直前ポロニウムを包んでいたアルミニウム・フォイルは破れてしまい、ポロニウムから出たアルファ粒子は直接ベリリウム粉に入り込みベリリウム核に吸収されて、待ってましたとばかりに中性子が発生する。核分裂連鎖反応をスタートさせる（イニシエイトさせる）という意味で、ポロニウム＝ベリリウムからできている中心部分はイニシエイターと呼ばれている。

これらの中性子はすぐさま超臨界状態になりつつあるプルトニウムに入り込み、分裂連鎖反応を引き起こし、連鎖反応は暴走し、プルトニウム・コアは大爆発を起こす……という筋書き通りには実はそう簡単にいかない。まだまだ……。

まず何か適当な重い物質でプルトニウム・コアの周りをぐるりと取り囲むようにしてやらねばならない。分裂連鎖反応がスタートした後、核分裂から中性子が飛び出すが、世代数が大きくなるたびに中性子数が倍々に増加する。中性子こそ核分裂連鎖反応の主役である。その主役である中性子をプルトニウム・コアの外に逃がすわけにはいかない。プルトニウム・コアの外に逃げて行く中性子の数を最小限度に押さえ込まなければならない。そのためには逃げて行こうとする中性子をプルトニウム・コアに引き戻さねばならない。つまり中性子を反射させるのである。

プルトニウム・コアの周囲を囲む重い物体が中性子反射体として働く。中性子反射体は重い物質ほどよい。なぜか？　ボールが軽い物体にぶつかるとその軽い物体も動いてしまうので、ボールは衝突後あまり跳ね返らない。しかしボールのぶつかる相手がそのボールよりも遥かに重いと、衝突後ボールは大きく跳ね返る。だから反射体は重いほどよい。この中性子反射体はタンパーと呼ばれている。ロスアラモス研究所で使ったタンパーは天然ウランであった。天然ウランの九九・三％はウラン238で出来ているから、ウラン一個の核は中性子一個よりも二三八倍も重い！

球体を保ちながら圧縮するには

一番肝心な技術的問題は、一体どうやってプルトニウム・コアを中心に向かって瞬間的に圧縮して小さくするかである。コアが小さくなっている間、完全な球体を保っていなければならないのである。球体を保ちながらサイズが小さくなれば、原子核の総数を変えずに核の数の密度を瞬時に大きくすることができ、臨界未満の状態から超臨界の状態に一気に持っていくことができる。しかし球体を保てないと、原子核の密度がそれほど大きくならず、場合によっては密度が小さくなってしまうこともある。ちょうどトマトがつぶれて中身がはみ出てくるような感じだ。

完全な球体を保ちながらサイズを瞬時に小さくするのはかなり難しい。球体のコアの表面のすべての点に、瞬時瞬時、まったく同じ強さの圧力が加わらねばならない。もしコア表面にかかる圧力にムラが出ると、コアは球体を保つことができず、トマトみたいにつぶれて球以外の形になってしまう。これではプルトニウムの密度を効果的に大きくできない。

プルトニウム・コアはタンパーによって囲まれている。さらにその外側に均等に爆薬を仕掛けておく。起爆装置によって爆薬を同時に爆破させると、衝撃波（音より早く走る爆風）が生じて球中心に向かって突進する（爆縮、インプロージョン）。この衝撃波はアルミニウム・フォイルを破いてしまい、同時にプルトニウム・コアは圧縮され、一挙に縮まって超臨界に達し、瞬間的に分裂連鎖反応が暴走して今度は外側に向かって爆発を起こすはずだ。

しかし実はこの筋書きも甘いのだ。タンパーの外側に均等に設置された爆薬が、全部同時に寸分の狂いもなく爆破せねばならない。それにプルトニウム・コア球体の表面の各部分にまったく同じ圧力がかかる保証はない。爆薬の爆破によって生じた衝撃波は、プルトニウム・コア球中心に向かうようになっていなければならない。あちこちに広がってしまってはだめだ。

光を一点に集める凸レンズ（むしめがね）の原理を応用して、衝撃波を球中心に向かわせるには、衝撃波レンズを作ればよい。衝撃波レンズはガラスではなく、爆薬でできている（現在衝撃波レンズは爆縮レンズと呼ばれている）。ロスアラモス研究所で最も頭を痛めたのはこの衝撃波レンズの開発であった。何回も模擬爆発実験を繰り返した挙げ句、結局、第二次世界大戦の末期、最終的に考案されたプルトニウム爆弾は図24に示されているような形となったのである。

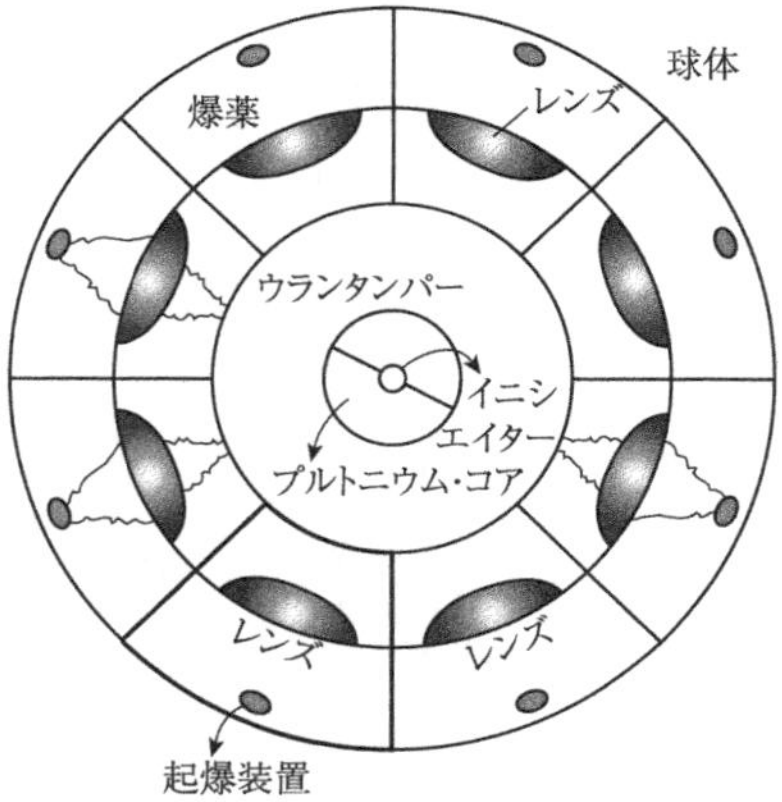

図24　プルトニウム爆弾の心臓部

図25（次頁）のプルトニウム爆弾は、ファットマン（デブっちょ）と命名され、長崎に投下されたものに基づいている。

ところで、今までの説明から、図23や図24にあるプルトニウムの部分をそっくりそのまま高濃縮ウランに置き換えても、爆弾になることが分かるだろう。現在ではウラン爆弾もインプロージョン式（爆縮式）になっているようである。ただウラン爆弾の場合には、一〇〇%近くまで濃縮したウランが必要だ。プルトニウムを使うにせよ高濃縮ウランを使うにせよ、インプロージョン式爆弾の特徴は、はじめから臨界量を用意する必要がなく、臨界量以下で事がすむ点である。爆弾の燃料が少なくてすむというのは文字通り〝有り難い〟ことだ。

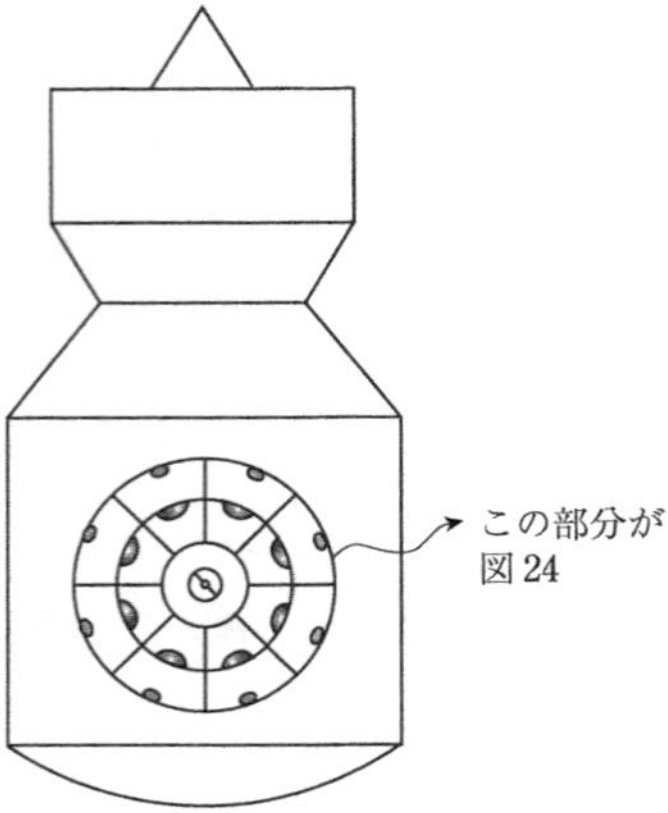

図25　プルトニウム爆弾の概観

ウラン爆弾とプルトニウム爆弾

ここであらためてガン式爆弾とインプロージョン式爆弾とを比較してみる。ガン式を適用できるのはウラン爆弾だけで、プルトニウム爆弾には使えない。天然ウランに含まれているウラン235の含有率を高めて一〇〇%近い高濃縮にしてやれば、ウラン爆弾にはガン式もインプロージョン式も両方使える。しかし逆に言えば、ウラン爆弾を作るにはガン式にせよインプロージョン式にせよ、ウランを高濃縮にしてやらなければならないという欠点がある。

一方、プルトニウムは原子炉から生産されるもので、時期を見計らってうまく原子炉から取り出せば、プルトニウム240の含有を最小限度におさえられ、プルトニウムを濃縮する必要はない（プルトニウム239はすでに濃縮された状態にあるのだから）。プルトニウム239はウラン235よりも核分裂を起こしやすいばかりでなく、プルトニウム239が核分裂を起こすとウラン235の場合よりも多くの中性子を放出する。このためプルトニウム239の臨界量はウランのそれよりも小さく、威力は大きい。

しかし欠点もある。原子炉から取り出した使用済み核燃料はプルトニウムの他に放射能を持つ色々な分裂片が混じっている。プルトニウム摘出には作業員を放射線から守るために特別な配慮が必要であるし、化学分離する特別な装置が必要となる。さらにプルトニウム爆弾はインプロージョン式しか使えないので構造が複雑になり、臨界量こそ小さいが他の部分がかさばって、全体の大きさは必ずしも小さくはならない。

現在の科学技術の進歩はコンピュータに大きく依存している。しかし、五〇年前の車と現在の車に、基本的な構造に違いはあるだろうか。燃費など細かい点が改良されただけである。ロータリー・エンジンを除けば、エンジンの基本的な構造は昔とまったく変っていないと言ってもよい。同じく現在の原子爆弾も、基本構造は、第二次世界大戦中に開発されたものとほとんど変っていない。

第六章　なぜ太陽は四六億年も輝き続けられるか？

水素爆弾のしくみ

太陽は四六億年も輝き続けている

太陽は典型的な星（恒星）の一つだがすでに四六億年も輝き続けている。〝輝く〟とは外に向かってエネルギーを発していることを意味する。いくら太陽が大きいからといっても、四六億年もエネルギーを出し続けるというのは大変不思議なことだ。ものが炎を出して燃えると明るく輝く。このようなものの燃焼は、酸素との化学反応である。太陽の内部にも酸素はあるが、含有率は極めて低い。もし太陽の輝きのエネルギーの源がこの化学反応だとすると、酸素不足のため、たった三〇年ぐらいで燃え尽きてしまう計算になる。つまり太陽が燃え続ける原因は、化学反応ではないことは明らかなのだ。なぜ太陽は光り輝き続けるのだろう。

実は太陽ばかりではなく、あらゆる星のエネルギー源は、水素による**核融合反応**から出るエネルギーなのである。活発に輝いている星の成分のほとんどは水素原子からできている（水素ガス）。

核融合を理解するには、まずガスの温度とは何か、何がガスの温度を決めるのかをはっきりさせておかねばならない。ガスは多数のガス分子から構成されている。一個一個のガス分子はあっちこっちと気ままに飛び回っている。その間、もちろん分子同士の衝突が頻繁に起こる。衝突が起こるたびに、分子の運動方向もスピードも変ってしまう。運動している物体（粒子）は、そのスピードの二乗に比例する運動エネルギーを持つ。スピードが倍になれば、運動エネルギーは四倍になる。動く物体はすべて運動エネルギーを持ち、静止している物体は運動エネルギーを持たない。ガスの場合、頻繁に衝突が起こるので、ガス分子全部が同じスピードで動き回ることはない。すなわちガス分子全部が同じ運動エネルギーを持つことはない。

そこで、ガス分子の平均運動エネルギーを考える。これがガスの温度を決定するのである。ガス分子がどれもこれものろのろ動いていたら、スピードが小さいので個々の分子の運動エネルギーも小さい。したがって平均運動エネルギーも小さくなる。この場合ガスの温度は低い。逆にガス分子達が非常に速く走っていたらスピードが大きいので運動エネルギーも大きく、したがって分子の平均運動エネルギーも大きい。この場合、ガスの温度は高い。要するにガスの温度はガス分子のスピードに依存するのだ。空気分子の運動にしぼって話すと、北半球で冬寒いのは空気分子がゆっくりと動いているからであり、夏暑いのは空気分子が速く動き回っているからである。

プラズマガス

分子は二つ以上の原子が電気引力によって結び付けられてでき上がっている。ガスの温度がある程度以上に上がると分子のスピードが大きくなり、分子同士の衝突による衝撃が大きくなるので分子は原子に分解してしまう。すると今度はガスはガス原子によって構成されることになる。

温度がさらに上がると原子のスピードも上がり、原子同士の衝突はお互いに相手の電子をもぎ取ってしまう。水素原子は一個の陽子と一個の電子とから構成されているから、衝突によって電子をもぎ取られると、水素原子は電子と陽子に分解してしまう（電子と陽子が離れ離れになる）。この状態になるには、水素ガスの温度は相当に高くなくてはならない。水素原子同士はかなり大きなスピードで衝突しているので、分解された電子も陽子もかなり大きなスピードで走り回る。

このような状態では、電子が陽子にかなり接近してきても、スピードが大きいために電子が陽子に捕獲されることはない。電子は陽子の側を素通りしていってしまい、二度と水素原子は形成されない（形成されたとしてもすぐに電子と陽子に分解されてしまう）。電子はマイナスの電気、陽子はプラスの電気を帯びていて、電気の量は等しい。つまり等しい量の電気量で、プラスとマイナスがバラバラになっている。バラバラではあるが、ガス全体としては電気的に中性である。これをプラズマ状態にあると言い、ガスはプラズマガスと呼ばれる。

なぜ星が光り輝き続けるのかの説明はこれで終わりではない。

水素の核融合反応

水素ガスが高温になると水素原子内の電子がもぎ取られ、電子と陽子が完全にバラバラ状態になり、星の内部はプラズマガスとなる。高温のため陽子は勢いよく飛び回るから、陽子同士が接近する確率が高くなっている。しかし陽子はプラスの電気を持っているため、陽子間には電気反発力（斥力）が働きお互いに退け合う。

ところが温度が一〇〇〇万度以上になり、陽子のスピードがさらに増すと、陽子と陽子が高速度で接近するようになる。そして陽子と陽子の間隔がある程度より狭まると核力が効きはじめ、陽子同士はくっ付いてしまうのだ。すでに説明したが、核力は陽子と陽子がある至近距離に達すると急激に効きはじめ、陽子同士の間の電気反発力を遥かに上回る強い引力として働く。ただし陽子と陽子の間に働く電気反発力が消えることはないので、お互いにくっ付いていてもすぐ離れようとする。二つの陽子の間に核力が作用していても陽子同士が永久に接触したままでいることはできず、また離れてしまう。この事実は量子力学からの帰結である。

しかし自然は大変微妙にできており、陽子と陽子がくっ付くと、そのうちの片方の陽子が中性子に変ってしまうのである。中性子は電気を帯びていないので中性子と陽子の間には電気反発力は生じず、核力による引力のみとなって安定する。中性子のベータ崩壊のところで説明したが、ベータ崩壊では中性子が陽子に変ってしまい、その時、電子と反ニュートリノが放出される。今の場合はちょうどその逆の現象が起きている。二つの陽子がくっ付くと、そのうちの一つの陽子が中性子に変ってしまい、その時、**陽電子**（反電子＝プラスの電荷を持つ電子）とニュートリノが飛び出るのである。この出来事にはWボゾンが介入していて「弱い相互作用」によって引き起こされている（八四頁参照）。「弱い相互作用」というのはWボゾンが出現して粒子の種類を根本的に変えてしまう作用のことを言う。

核物理学によると、二つの陽子の間に強い核力が作用しても、安定してくっ付いたままでいられることはない。しかし陽子と中性子の場合には核力による強い引力によって合体し、安定して合体状態を保つことができるのである。このために二つの陽子がくっ付いて、その一つが中性子に変ってしまうと、二つはもはや離れなくなってしまう。

陽子と中性子がくっ付いたものは**重陽子**と称されている。重陽子の周りに電子一個が回ると**重水素**原子となり、重水素原子と酸素が化合すると重水分子となり、大量の重水分子

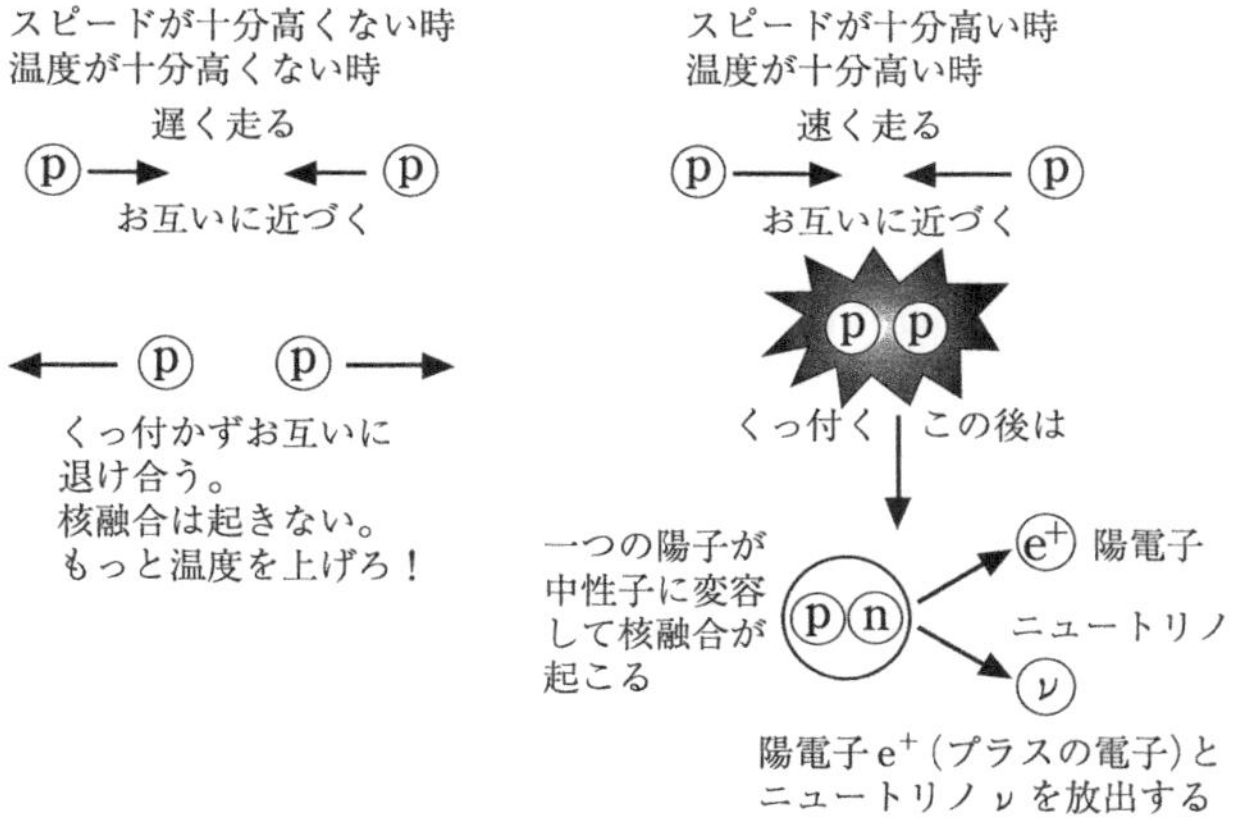
スピードが十分高くない時
温度が十分高くない時
遅く走る
p
p
お互いに近づく
p
p
くっ付かずお互いに
退け合う。
核融合は起きない。
もっと温度を上げろ！
スピードが十分高い時
温度が十分高い時
速く走る
p
p
お互いに近づく
p p
くっ付く
この後は
一つの陽子が
中性子に変容
して核融合が
起こる
p n
e^+ 陽電子
ニュートリノ
ν
陽電子 e^+（プラスの電子）と
ニュートリノ ν を放出する

図 26　水素の核融合反応

が結合するといわゆる「重水」となる。重陽子は重水素原子の核である（ここで重陽子とは何かを丸暗記してほしい）。

　二つの陽子pがくっ付くと、そのうちの一つは中性子nに変ってしまい、その際**陽電子**（プラスの電荷を持つ電子）とニュートリノが放出され（図26）、陽子と中性子は安定してくっ付いたままで重陽子となる。これが水素の核融合反応である。この核融合反応から熱が発生する。それはプラズマガスの温度を上げるために費やした以上の熱で、プラズマガスの温度はさらに上がる。この熱を利用すれば発電することもできるが、それは後で説明しよう。

　図26で、左側は陽子のスピードが十分高くない場合、つまりプラズマガスの温度が十分

高くない場合である。陽子のスピード（運動エネルギー）が陽子間の電気反発力に打ち勝つことができず、核融合反応は起きない。

一方、図26の右側の図は陽子のスピードが十分高く、温度が十分高い場合である。陽子のスピード（運動エネルギー）が陽子間の電気反発力を上回るくらい高く、陽子同士がくっ付いて核融合反応が起こる。

以上のように、陽子のスピードを上げて陽子同士を頻繁に接近させるために、プラズマガスの温度をかなり上げないと、核融合反応は起きない。核融合反応は温度に支配されるのだ。

重力をつくり出す元締めは、物体の量（質量という）だ。太陽は地球よりも一〇〇倍以上も大きいので、その質量は莫大な量である。この莫大な量の質量が、星の中で強力な重力を生み出す。星の重力の方向は星の中心に向かう（地球重力も地球中心に向かっている）。重力の方向が中心部に向かうため、地球も星も自然に球体になったのだ。ガスを圧縮するとガスの温度が上がるのはよく知られた事実である。星の中心部は、その星自身が中心に向かって作り出す強力な重力のために、圧縮され高温になるのだ。どんな物体でもある温度にまで熱せられると光を出すようになるが、ここまではまだ星が輝く本質的な原因に達していない。

反応エネルギー

ここで「反応」ということについて一言。例えばAという粒子がBという粒子とお互いに反応し、その結果C、D、E、という三つの粒子が発生（生成）したとしよう。この反応は次のように表される。

A＋B ──→ C＋D＋E

ここで矢印を用いたのはこの反応は上から下側へ進むということであり、この逆の反応、すなわち、C＋D＋E→A＋Bは不可能であることを示す。

このことをA＋B→C＋D＋Eは非可逆反応であるという。Aという粒子とBという粒子が反応を起こすためには、まずAとBがくっ付かなくてはならない。上辺にあるプラス記号は「くっ付く」という意味を表す。AとBがくっ付いて反応を起こした結果、C、D、Eというまったく新しい三つの粒子が生成された。下辺のプラス記号に「くっ付く」という意味がないことに注意。

さて、AとBがくっ付いて反応した結果、C、D、Eという三つの粒子が生成されたわけだが、反応後には必ず「反応エネルギー」が現れる。反応後に現れた三つの粒子C、

D、Eは静止しているわけではない。反応から飛び出す形で生成されるので、三つの粒子はすでに運動しておりスピードを持っている。したがって三つの粒子ははじめから運動エネルギーを持って飛び出してくる（生成される）のである。この三つの粒子の持つ運動エネルギーが「反応エネルギー」となる。

もしこの同じ反応が多数起きたら、反応の結果生成される粒子の数も多数となる。これらの粒子はすべて、反応からスピードを持ってあちこちと色々な方向に飛び出してくるので、これらの粒子の持つ運動エネルギーを足し合わせると大きなエネルギーとなる。このエネルギーが熱となる。したがって多数の反応が起きた場合、反応エネルギーは「反応熱」となる。一つ一つの粒子の持つ運動エネルギーは異なっているので、粒子の持つ「平均運動エネルギー」を計算することができる。この平均運動エネルギーが、反応後に発生した大量の粒子で構成される「ガス」の「温度」を決定するのである。これで「反応」の説明は終わり。

陽子の山登りとトンネル効果

さて図26の右側に示された水素の核融合反応を記号で示すと次のようになる。

重陽子はD（Deuteron）と表されるので右の反応式は次のようにも書ける。

$$p + p \longrightarrow (pn) + e^{+} + \nu$$

陽子　陽子　重陽子　陽電子　ニュートリノ

$$p + p \longrightarrow D + e^{+} + \nu$$

この核融合反応はp-p反応と呼ばれている。陽子pと陽子pがくっ付いて反応すると、下辺にある重陽子D、陽電子e^{+}とニュートリノνとが生成されるということである。この反応で下辺に反応エネルギーが発生する。それは具体的に言うと、重陽子D、陽電子e^{+}、そしてニュートリノνの持つ運動エネルギーである。これらの運動エネルギーが熱となる。

二つの陽子がお互いに近づいて来ると、陽子の持つプラス電荷のために陽子間の電気反発力がお互いに近づくほど強くなっていく。しかしある程度まで近づくと急激に強い引力が陽子間に作用しはじめる。核力である。二つの陽子がお互いに近づく様子は、お互いに反対方向から山登りしている状態を想定するとよい（次頁図27）。

山は頂上に近づくほど勾配が大きくなっているので、陽子が頂上に近づくほど登りにく

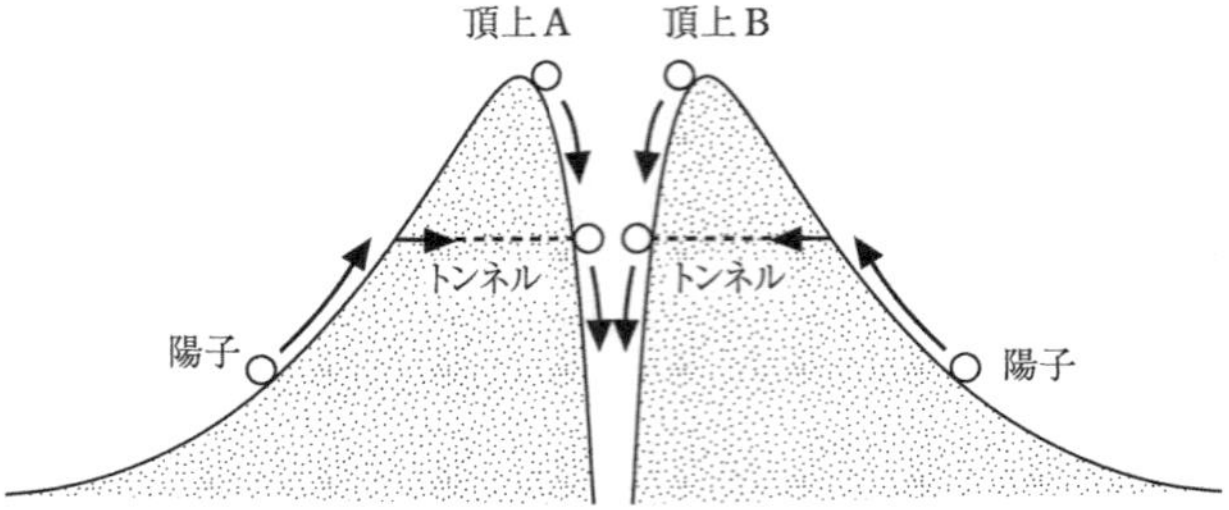

図 27　陽子の山登り（トンネル効果）

くなっていく。これが相手の陽子から受ける電気反発力に相当する。ところが陽子が山の頂上AとBを越えると急激な下り坂になるので、陽子は勢いよく山を転げ落ち、二つの陽子は急激に近づいてくっ付く。この急激な下り坂は陽子間の核力によってもたらされた引力である。

核力による坂の勾配は、電気反発力による坂の勾配よりも遥かに大きい。二つの山の頂上AとBがかなり接近しているのは、陽子間に作用する核力は陽子同士がかなり接近しないとその効果が現れないことを意味する。陽子同士がくっ付くためには、陽子ははじめから最低限山の頂上にたどり着くくらいの運動エネルギー（スピード）を持っていなければならない。もしエネルギー不足だと陽子は頂上に達する前にあと戻りしてしまって、くっ付くことは不可能となる。

ところで、陽子などの極微の粒子の世界には、トンネル効果という現象が現れる。陽子が頂上に達するほどの運動エネルギーを持っていなくても、山の途中のトンネルのような通路を通って、頂上に達しなくても下り坂の領域に入り、二つの陽子がくっ付いてしまうのである。ただし、陽子がトンネル効果で山を抜ける確率は決して一〇〇％ではない。トンネル効果はいつも起こるわけではなく、スピードの足りない二つの陽子は、そう簡単にはくっ付かない。

しかしプラズマガスの温度を相当に高くして、陽子に山の頂上を越えるくらいの運動エネルギーを持たせてやれば、トンネル効果に頼る必要はなくなる。あまり温度が高すぎて陽子のスピードが大きすぎると、陽子同士がぶつかってお互いに跳ね返ってしまうこともありうるのだが……。

いずれにせよ、トンネル効果は、水素の核融合を起こしやすくしている要因にはなっている。

いよいよ星の輝くメカニズム

さてこのp‐p反応だが、これは非常に起こりにくい反応である。つまりプラズマガスの温度が十分高くても、なかなか核融合反応は起きないのである。なぜか？　少し専門的になるが、それはこの反応が「弱い相互作用」を通して起こるからである。弱い相互作用が起こると、中性子が陽子に変ったり逆に陽子が中性子に変ったりする。これが弱い相互作用の特徴だが、詳しい理論は難しいのでこれ以上は立ち入らない。とにかく弱い相互作用が関わるため、p-p反応は非常に起こりにくい。というよりも極めてゆっくり起こるのである。ただし、星の内部には膨大な数の水素（陽子）があるので、星の中心部で起こるp-p反応の数はかなり大きい。

これまで見てきたようにp-p（陽子ー陽子）反応が起こると重陽子Dが発生する。まだ反応を起こしていない陽子pはいくらでもあるから、重陽子Dと陽子pとがくっ付く核融合反応も起こる。これは次のようになる。

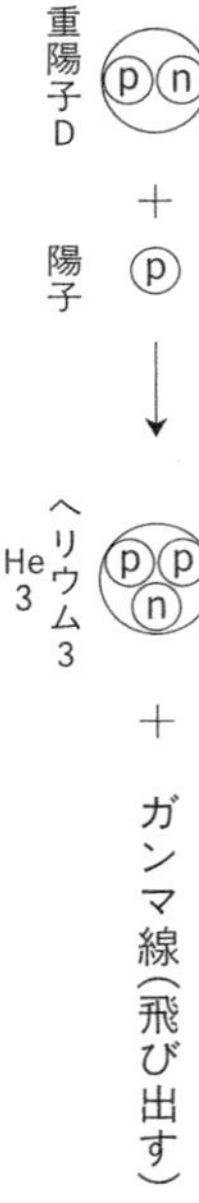

この核融合反応の結果、重陽子Dが陽子pとくっ付いて、二つの陽子と一個の中性子とからなる核を形成する。陽子の数が元素名を決定するから、陽子が二個ある核は中性子の数に関係なくヘリウム核である。普通のヘリウム核は陽子も中性子も二つずつあるが、この核融合反応から生成されたヘリウムは中性子が一個だけなので、ヘリウムのアイソトー

プとなり、He3（ヘリウム3）と書く。ヘリウム3が生成されるのと同時にガンマ線も放出される。

生成されたヘリウム3もガンマ線もエネルギーを持つ（ガンマ線が大きなエネルギーを持つことはすでに話した）。ヘリウム3は生成されると同時に走り出すので、運動エネルギーを持ち、熱の発生源となる。この核融合反応は「弱い相互作用」を通さないため迅速に起こる。

星の中心部ではこの反応が頻繁に起こり、大量のヘリウム3が生成される。すると、ヘリウム3同士がくっ付いて、次のような核融合反応が起こる。

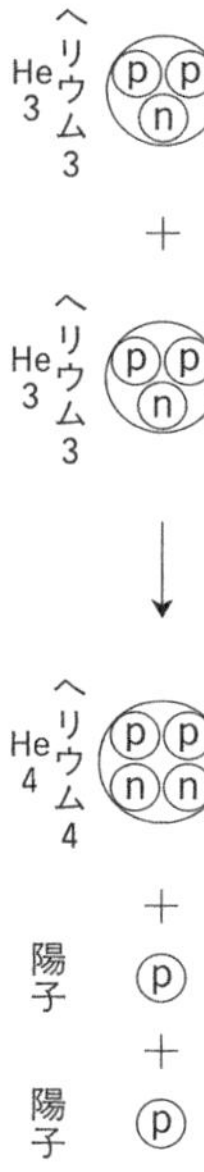

下辺には陽子二つと中性子二つとからなる普通のヘリウム核、ヘリウム4が生成される。両辺の陽子数が同数でなければならないから、下辺にはさらに二つの陽子が現れる。なぜ下辺がこのようにならなければならないのかは、説明を省略する。この反応も、陽子を中性子に変えたり、逆に中性子を陽子に変えたりする弱い相互作用が関与しないので、

迅速に起こる。

この反応の下辺に現れる生成物、すなわちヘリウム4と二つの陽子は、電気反発力によってお互いに離れ離れになる方向に勢い良く走り出すので、大きな運動エネルギーを持つ。結局、星の中心部では陽子同士がくっ付く反応から始まって、最後にはヘリウム4の核が生成され、この最後のヘリウム4が生成されるまで多くのエネルギー（主に運動エネルギー）が発生するのだ。これらの反応は星の内部で、大量に起こるので運動エネルギーも膨大となり、その結果、大量の熱が発生する（星の内部にはそれこそ数え切れないほどの陽子があり、それらが核融合反応を起こすので、ひとつや二つの反応が起こるわけではない）。大量の熱は光を含む電磁波を発生する。これが星が光ることの説明である。以上、p‐p反応から始まってヘリウム4で終わる一連の核融合反応は**p‐pサイクル**と呼ばれている（p‐p反応とp‐pサイクルとを区別すること）。

もう少していねいに説明すると、星の中心部は重力によって最も強く圧縮されているため最も温度が高い。だからp‐pサイクルは星の中心部でスタートする。星の中心部では膨大な数のp‐pサイクルから発生したエネルギーが熱となり、その熱が星の表面に伝わり、表面も熱せられて光が発せられる。p‐pサイクルで起きているすべての反応は核融合反応である。結局、星が長い間輝き続けることができるのは、陽子同士がくっ付いて最後にヘリウムになる核融合反応のおかげなのである。

星の中心部でp-pサイクルが進行すると、いつかはヘリウムだけになってしまう。すると核融合反応はそこでストップする。しかしヘリウム核は陽子の四倍の重さがあるので、中心がヘリウムだけになると重力がさらに強まり、中心部はさらに圧縮されて、温度は前よりも一層高くなる。すると今度はヘリウム核同士の核融合反応が起こってさらに重たい元素が生成されていくのだ。

現在のわが太陽はせっせと陽子からヘリウムを生成している最中で、p-pサイクルの過程にある。太陽は四六億年ほど前に発生し、あと五〇億年ほどで核融合反応はすべてストップし終焉を迎える。したがって現在の太陽はまさに〝中年〟である。

核融合の連鎖反応——水素爆弾

星が何十億年もの間輝き続けられる理由は、一つには陽子の数が膨大なことにあるが、もうひとつ理由がある。

一番最初に起こるp-p反応は「弱い相互作用」を通して起こるので反応が起こりにくく、そのため星の中心部での核融合反応は非常にゆっくりと起こる。したがって核融合反応から生ずる反応エネルギーはゆっくりと放出される。ゆっくりと言っても星全体から放出されるエネルギーは莫大な量である。星の内部には陽子が数え切れないほどあるので、核融合反応はかなり長い間持続することになる。このため星は長い間輝き続けることができるのだ。

最初のp-p反応からニュートリノも生成されるので、太陽から発するのは光や熱エネルギーだけではなく、大量のニュートリノも毎日放出されている。それは地球でも観測されている。これら大量のニュートリノも相当な量のエネルギーを運ぶ。ニュートリノは物質と反応しにくいため、太陽の中心部で発生したニュートリノはほとんど〝無傷〟のまま太陽表面に到達し、そのまま地球にもやってくる。ニュートリノは太陽の内部に関する情報を我々に提供してくれるのだ。太陽からのニュートリノは「太陽ニュートリノ」として知られている。

核融合反応を持続させるためにはプラズマガスの温度を一〇〇〇万度以上にするばかりではなく、ガスの圧力も相当に高くなくてはならない。そうすると多くの陽子が密集するため、陽子同士が接近して核融合を起こすチャンスが増大する。結局、核融合を引き起こすためには高温高圧のプラズマガスが必要なのだ。

ここに核融合反応を起こさせる技術的な難しさがある。我々が欲しいのは核融合反応から発生するエネルギーなのである。しかしその欲しいエネルギーを得るためには、プラズマガスを高温高圧にしなければならない。高温高圧にするには、外からエネルギー(熱)を与える必要がある。それも莫大な量だ。ただ自然はまことに絶妙で、いったん核融合が連続して起こると、核融合から出るエネルギーのほうが外から加えたエネルギーよりも大きくなっている。

核融合から出るエネルギーは、さらにプラズマガスの温度を上げ、核融合はさらに起こりやすくなる。すると核融合は促進し、さらに熱が生じ、温度が上がる。これが星の内部で起きている核融合の連鎖反応であり、これを利用したのが水素爆弾だ。

このように、星の輝きの本質的な理由は、水素核(陽子)の核融合反応に基づくのである。この本質的な原因を初めて解明したのがドイツ生まれのアメリカの物理学者ハンス・ベーテという人で、彼については有名なエピソードがある。当時まだ若かったベーテがこの星の輝きのメカニズムを発見した時、婚約者に「この世界でなぜ星が輝くのかを知っているのは僕ただ一人だ」と言ったというのだ。この業績でベーテは一九六七年、ノーベル物理学賞を受賞した。

なぜ水素なのか

核融合反応は軽い核ほど起こりやすい。なぜか?

軽い核はその中にある陽子の数が少ないので、核の電気の量（電荷）は小さい。つまり軽い核同士の間に作用する電気反発力はそれだけ弱く、お互いに近づきやすいため、核融合反応が起こりやすいのだ。この世で最も軽い核は水素の核、すなわち陽子である。したがって高温高圧の下では、水素が最も核融合反応を起こしやすい。

今からざっと一四〇億年前、宇宙が誕生した。宇宙誕生前は物質も、空間も時間さえも存在していなかった（ということになっている）。重力作用によって宇宙は単純から複雑へと進化していく。だから宇宙初期にできた原子は、最も単純な構造を持つ水素原子やヘリウム原子であった。宇宙初期には水素原子の数がヘリウム原子の数を圧倒していたが、現在でもこの状態はほとんど変っていない。これがために、現在でも星の成分はそのほとんどが水素である。星自身が作り出す重力のために星は圧縮され、その結果、温度が上がって水素による核融合反応が起こったのである。これが、なぜ星は最も核融合を起こしやすい水素ガスからできているのかの答えである。

第二次世界大戦中、星の輝く原因にヒントを得て、物理学者達の間に水素爆弾の構想が芽生えた。まだ核分裂による原子爆弾が完成していない時期のことだ。しかし水素を融合させるには、水素ガスの温度を一〇〇〇万度以上に、圧力を地上の大気圧の一〇〇〇億倍ぐらいにする必要がある。太陽中心では強力な重力によってこのような高温高圧が可能だが、地上では特にこれと同じ圧力を実現するのは難しい。圧力を犠牲にするなら、温度を数億度にまで上げなければならない。以下は水素爆弾への道である。

水素、重水素、三重水素

さて、高温を得るにはどうするか。簡単だ。原子爆弾を使えばよい。広島の原爆ですら広島市が全滅するほどの威力があるのに、何もわざわざ原爆を使って水爆を作ることはないのではないかと思う。しかし、一発の水爆は、大きいものでは広島型の原爆の一〇〇〇倍ほどの威力があるのだ。作る価値はあると物理学者たちは考えた。現在の原爆は広島型の一〇倍以上の威力があるから、原爆を使えば核融合反応を引き起こすほどの温度を得ることは可能だ。つまり原爆を起爆剤に使って水爆を爆発させるのである。

だが問題が生じた。すでに話したように、陽子と陽子との核融合反応（p-p反応）は弱い相互作用を通して起こるので、非常に起こりにくい。地上でp-p反応を引き起こすのは技術的に大変難しい。それに得られるエネルギーもさほど大きくない。そこで考えられたのが普通の水素を使うのではなく、水素の同位元素である重水素や三重水素を使うことだ。重水素や三重水素の核融合反応は弱い相互作用を通さずに起こるからp-p反応より起こりやすい。ここからしばらく重水素や三重水素の核融合反応について説明しよう。

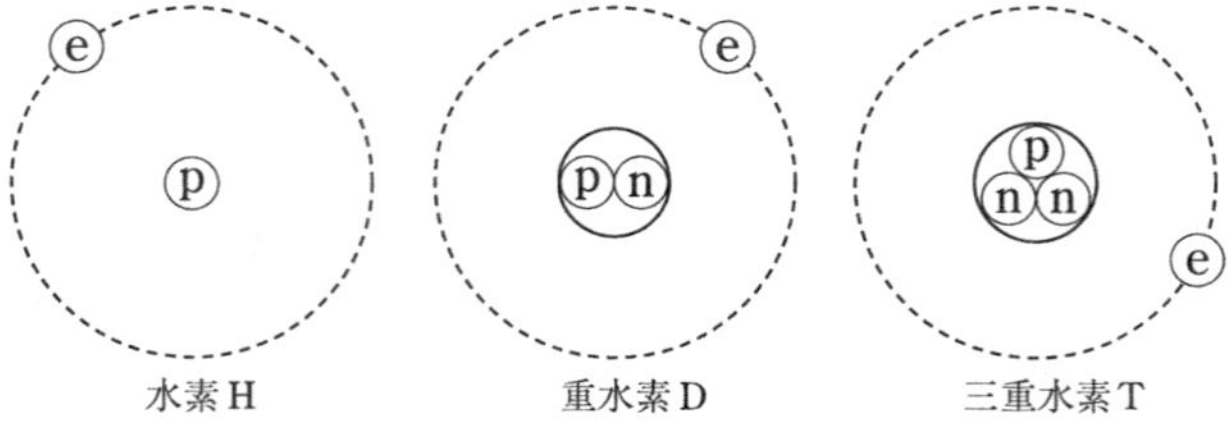

図28　水素のアイソトープ

重水素原子の核は陽子一個と中性子一個とがくっ付いたもので重陽子と言い、英語で重陽子はデューテロン（Deuteron）だというのはすでに紹介した。重陽子の周りに一個の電子が取り巻くと重水素原子となる。英語でデューテリウム（Deuterium）と言う。核（重陽子）も原子（重水素）も英語の頭文字がDなので、どちらもDという記号を使う。

また三重水素核（三重陽子）は英語でトリトン（Triton）と呼ばれ、陽子一個と中性子二個がくっ付いてできた核である。また核の周りに電子一個が回っている場合は原子となり、三重水素原子は英語でトリチウム（Tritium）である。したがって三重水素の場合、原子も核も記号Tを使う。以上のことを図に表すと図28のようになる。

重水素（D）も三重水素（T）も原子核には陽子が一つしかなく、水素と同じである。このうち三重水素は天然には存在せず、人工的に作らねばならない。二つの重水素核が核融合を起こすのに必要な最低温度は四億度ぐらいである。また重水素核と三重水素核とが核融合を起こす最低温度は四〇〇〇万度ぐらいと一桁低い。つまり重水素核と三重水素核との核融合のほうが起こりやすい。核の名を整理すると左記の通り。

核の名称	核の記号	核の構成
陽子（水素の核）……………	p (proton)	
重陽子（重水素の核）…………	D (Deuteron)	
三重陽子（三重水素の核）……	T (Triton)	

三つの核融合反応

海水には一立方メートルあたり約三三グラムの重水素が含まれている。縦、横、高さそれぞれ一メートルといえば結構大きいので、そこに存在する重水素が三三グラムとは非常に少ないように感ずるかもしれない。しかし地球上にある全海水量を考えたら、地上にある全重水素の量は莫大である。事実上、無尽蔵にあると言ってもよい。

一方、三重水素は天然には存在しない。そこで考えられたのが中性子ーリチウム原子核反応である。リチウム原子は核の周りに三個の電子が回っていて、核は三つの陽子と三つか四つの中性子から構成されている、三番目に軽い原子である。中性子－リチウム反応には中性子の数が三つのリチウムを使う（つまり質量数六のリチウム。リチウム6と表示する）。リチウムの化学記号はLiである。

中性子(n)－リチウム(Li）の核反応は次のように書き表される。

$$n + Li \longrightarrow T + He$$

下辺は反応の結果生成される核であり、Heはヘリウムを表す。この反応（これは化学反応ではなく、核同士がぶつかって起こる核反応である）から三重陽子Tが現れる。

星の内部で起きている水素核によるp－p反応は地上では困難だが、そのアイソトープである重陽子（D）と三重陽子（T）による核融合反応は地上においても不可能ではない。DやTによる核融合反応は次の三つの反応が可能である（ところで原子爆弾やその他の核反応において生ずるエネルギーはMeVという単位を用いるが、それが何を意味するかは知らなくても原爆や水爆の原理は分かるので説明は省く）。その三つの核融合反応とは以下の通りである。

1．D－D反応

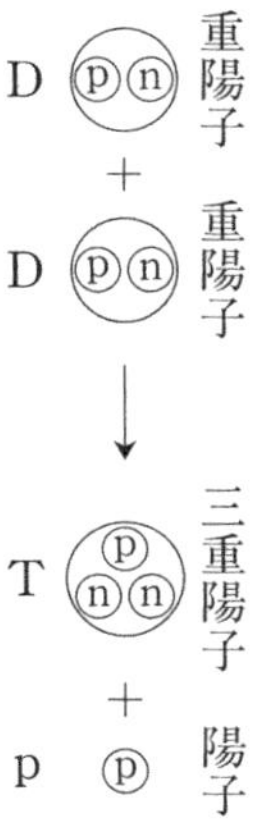

下辺の反応生成物にT（三重陽子）とp（陽子）が現れる。ここで注意することは、上辺（反応前）の陽子pの数（二個）と下辺（反応後）の陽子pの数（二個）は等しくなっており、同じく上辺の中性子nの数も下辺の中性子nの数と等しくなっているということである。この反応から4.0MeVという値のエネルギーが発生する。このエネルギーはT（三重陽子）や陽子pの運動エネルギーとなって現れる。

しかし同じD-D反応でも次のような反応も起こり得る。

2．もうひとつのD-D反応

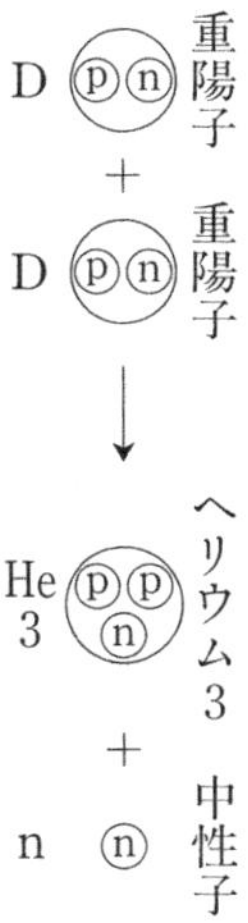

この反応においても上辺の陽子の数と下辺の陽子の数、そして上辺の中性子の数と下辺の中性子の数がそれぞれ等しくなっている。一番目と同じD-D反応でも、反応の結果生ずる生成物は前とは異なり、この反応は陽子二つと中性子一個からなるヘリウム3核と、一個の中性子を生み出す。この反応の結果、生ずるエネルギー（ヘリウム3と中性子の運動エネルギー）は3.27MeVで、一番目のD-D反応から発生するエネルギー（4.0MeV）と比べると少なめである。一番目と二番目の反応はどちらもD-D反応であるが、どちらが起こるのかは確率的な問題となる。一番目の反応が起こることもあれば、二番目の反応が起こることもある。

3．D-T反応

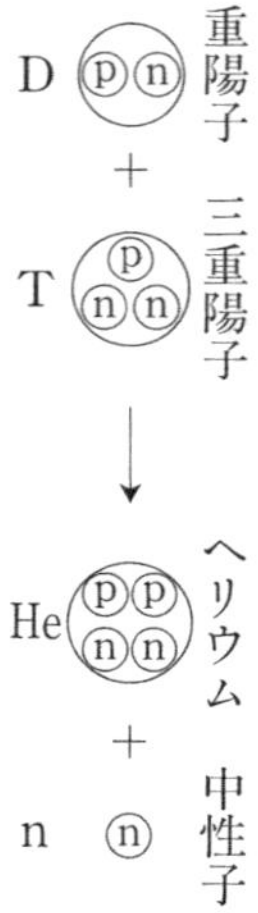

上辺の陽子数と下辺の陽子数、および上辺の中性子数と下辺の中性子数は、この反応においても等しくなっている。この反応の結果ヘリウムHeと中性子nが生成され、17.6

MeVという値のエネルギーが発生する。このエネルギーは生成されたヘリウムや中性子の運動エネルギーである（17.6MeVのうち中性子によって運ばれるエネルギーは14.06MeVで、ヘリウムによって運ばれるエネルギーは3.52MeV。軽い粒子ほど大きな運動エネルギーを持つ）。粒子の運動エネルギーが「熱」の元となる。

D-T反応は温度が比較的低くても起こる上に、D-D反応よりもずっと多くのエネルギーを発生させることが分かる。したがって水素爆弾にはD-T反応が本命だということになる。

このエネルギー（17.6MeV）を原子爆弾のエネルギー、すなわち一回の核分裂から放出されるエネルギーと比べてみたらどうか？　一回の核分裂から発生するエネルギーは200MeVで、一回の核融合反応から発生するエネルギーよりも遥かに大きい。それでは原子爆弾から放出されるエネルギーのほうが水素爆弾から放出されるエネルギーよりも遥かに大きいのかといえば、それは違う。その逆だ。なぜか？　それは密度の差に起因する。例えば原爆の燃料になるプルトニウム一キログラムと水爆の燃料になる高圧の重水素や三重水素一キログラムを比べてみると、高圧の水素のほうが圧倒的に核の数が多い。つまり同じ質量では、核融合反応の回数のほうが、核分裂の回数よりも圧倒的に多いのだ。

さてD-T反応の方がD-D反応より有利であることは分かったが、D-T反応には天然に存在しない三重水素Tが必要になる。先に紹介した三重水素Tを発生させる中性子－リチウムによる核反応が要求されるのだ。このために水素爆弾製造にあたっては、中性子とリチウムを用意せねばならない。

水爆用燃料には固形化された重水素化リチウム（LiD、lithium deuteride）という化合物を使う。元素の周期表で見るとリチウムLiも重水素D（すなわち水素）もどちらも第一属（1A）すなわちアルカリ属（価電子が一つ）に属していることに注意されたい。LiDという化合物になる過程は化学反応である。化学反応はリチウム核の性格にも重水素核の性格にも何ら影響を与えない。化学反応後は、化合物の中でそれぞれの核はそのまま同じ核として残る。だから重水素化リチウムLiDという化合物において、リチウムLiは三重水素Tを作るのに用いられ、重水素DはD-D核融合反応に使われるのである。

水素爆弾の構造

第二次世界大戦中、アメリカでまだ原子爆弾が一発も製造されていなかった時期に、水素爆弾の構想はすでに芽生えていた。

水素爆弾の設計に精力的に取り組んだのは、アメリカの物理学者エドワード・テラーであった。第二次大戦後、アメリカは当時のソビエト連邦と冷戦状態に入ったが、テラーはソビエト連邦が水爆を製造する前にアメリカが作るべきだという主張を米国政府に訴えた。結局、アメリカが人類史上初めて水素爆弾の製造およびその実験に成功したのである。これによってテラーは「水爆の父」と呼ばれるようになった。二〇〇三年九月九日、奇《く》しくもこの原稿を執筆中に、テラーは九五歳の生涯を閉じた。

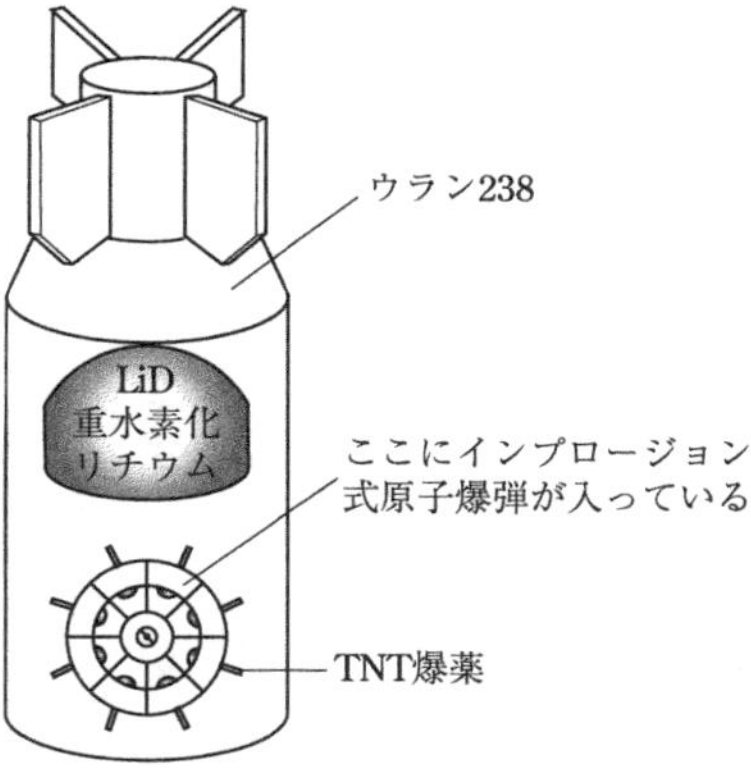

図29　水素爆弾の構造

固形の重水素化リチウムLiDの温度を一挙に数億度に上げると、たちどころに気体状態（ガス）になり、リチウム核LiとD重水素核に分離し、高温のプラズマガスを形成する。このために原子爆弾を使うのだ（図29）。現在の原子爆弾は、ウラン爆弾にせよプルトニウム爆弾にせよ、どちらもインプロージョン式（爆縮式）を使っているようだ。図29の下方にインプロージョン式原子爆弾が設置されており、その上方には固形の重水素化リチウムが収められている。周囲は天然ウランで囲まれている。水素爆弾が天然ウランでカバーされている理由は、役立たずのはずのウラン238に核分裂を起こさせることにある！

今までウラン238は核分裂連鎖反応には役立たずであると何度も強調してきた。確かにその通りなのだが、実はそれは、核にぶつかる中性子のスピードが小さい場合の話であって、中性子の運動エネルギーが1MeV以上であるとウラン238も分裂を起こすのである！つまり中性子のエネルギー1MeVが、ウラン238が核分裂を起こす「閾値《しきいち》」となる。運動エネルギーが1MeV以下の中性子がウラン238に吸収されてもウラン238核は分裂を起こさない。

核分裂連鎖反応において、核分裂から飛び出してくる中性子の運動エネルギーの平均値は1MeV以下である。分裂から飛び出してくる中性子のうち、1MeV以上のエネルギーを持つ中性子は数少ない。もうひとつ。高速中性子がウラン238の核にぶつかると、核に吸収されずに弾性衝突して単に跳ね返る場合も多い。中性子は重い核に跳ね返されるとスピードが減少する。すると中性子の運動エネルギーは1MeV以下になってしまう。そうなるとその中性子はたとえウラン238核に吸収されても、核は核分裂を起こさない。ちなみに、ウラン235には核分裂を起こす「閾値」は存在しない。ウラン235はどんな運動エネルギーを持つ中性子が入ってきても、核分裂を起こす確率は絶対にゼロにはならない。

D-T反応から出てくる中性子の運動エネルギーは14MeVほどで、ウラン238の「閾値」

である1MeVより遥かに大きい。したがってD-T反応から生成される中性子を天然ウランにぶつけてやると、相当数のウラン238は核分裂を起こし、大量の核分裂エネルギーを出す。これが水素爆弾の外側を天然ウランで覆う理由である。

さて図29において下方に設置してある原子爆弾が炸裂すると、一挙に温度が一億度以上に上がる。その熱が瞬間に上方に設置してある固形の重水素化リチウムに伝わり、重水素化リチウムは一挙に気体状になり、高温高圧のプラズマガスとなる。この状態ではリチウム核Liも重水素核Dもバラバラになっている。つまりこのプラズマガスでは相当数の電子e、リチウム核Li、重陽子Dがバラバラに飛び回っているわけだ。このような温度では当然D-D反応が起こる。一回のD-D反応当たり4.0MeVのエネルギーが放出される。重陽子Dが10^{26}個もあれば4.0MeVを約10^{25}倍した値のエネルギーとなる。

下方に設置した原子爆弾が炸裂した後、おびただしい数の中性子が飛び出てくる。それらの中性子が上方のプラズマガスに入り込む。するとリチウム核Liが中性子nを吸収して核反応が起き、三重水素Tとヘリウム He が生成される。

こうして高温高圧のプラズマガス内は重陽子D、三重陽子T、ヘリウム核Heの混合体となる。するとプラズマガス内ではD-D反応の他にD-T反応も起こるようになる。一つのD-T反応から発生するエネルギーは17.6MeVである。プラズマガス内でD-D反応と同じく相当数のD-T反応が起こるから、起こった全部のD-T反応から発生するエネルギーも相当なものとなる。高温高圧のプラズマガス内にある相当数の重陽子Dや三重水素核Tは密集しており、プラズマガス内で起こるD-D反応の数とD-T反応の数は、下方で起こる核分裂の数よりも圧倒的に大きい。したがって下方の核分裂で生じた核分裂総エネルギーよりも、上方で起きた核融合総エネルギーのほうが圧倒的に大きくなる。

話はまだ終わっていない。プラズマガス内で起きたD-T反応は中性子nを生み出す。生成された中性子nの持つ運動エネルギーはほぼ14MeVほどである。これらの中性子が爆弾の周りを覆っている天然ウランに衝突する。ウラン238の核分裂「閾値」が1MeVであるため、14MeVのエネルギーを持つ中性子はウラン238をたやすく分裂させ、そこからも分裂エネルギーが放出される。結局、水素爆弾では、

核分裂 ──→ 核融合 ──→ 核分裂

という過程を経て爆発が起こる。驚いたことに、これらすべての過程は一〇〇万分の一秒の間に起こるのである。

現在、五つの〝公認された〟核保有国（アメリカ、ロシア、イギリス、フランス、中国）はすべて、一九五〇―六〇年代に水素爆弾の実験を終えている。

中性子爆弾

水素爆弾の核融合が起こる部分に関する限り、原爆と違って「臨界量」なるものは存在しない。少なくとも原理的には、どんな量の重水素や三重水素であっても、十分に高温高圧になりさえすれば核融合連鎖反応は起こる。重水素の質量数は二で三重水素の質量数は三である。かたや原爆の燃料となるウランの質量数は二三五でプルトニウムの質量数は二三九である。当然、核融合燃料となる重水素や三重水素は、ウランやプルトニウムと比べると桁外れに軽い。軽いということは爆弾としては利点となる。

原子爆弾であるウラン爆弾の核燃料には、ガン式であろうがインプロージョン式（爆縮式）であろうが、高濃縮ウランが必要である。濃縮ウランはウラン濃縮装置がない限り作れない。同じく原子爆弾であるプルトニウム爆弾は、原子炉がなければ手に入らない。いずれにせよ原子爆弾が炸裂すると、分裂片が放射能を帯びているために、大量の放射線がばらまかれる。これが原子爆弾の一つの特徴でもある。

一方、D‐DおよびD‐Tによる核融合反応からは放射線は放出されない。しいて言えば中性子が放出される。中性子は電気を帯びていないので、電気的な相互作用を受けない。しかし中性子の〝悪い所〟は、物質に当たるとその物質を構成している原子の核に吸収されることだ。中性子を吸収した核は中性子過剰となってベータ崩壊を起こし、その時ベータ粒子（電子）が放出される。さらにベータ崩壊直後にガンマ線も放出される。

結局、物質が中性子を吸収すると、その物質は「放射化」されて放射能を持つようになり、その物質自身がベータ線やガンマ線などの放射線を出すようになる。ほとんどの物質は中性子を吸収すると、核分裂を起こさずに単に放射化され放射線を出すようになる。したがって大量の中性子が人体に吸収されると人体自身も放射化され、人体内から放射線が出るようになる。中性子爆弾はこの効果をねらって考案されたものだ。

図29の水素爆弾でウラン238の部分を取り外してしまうと（下方にあるインプロージョン式原子爆弾はそのままにしておく）、ウラン238による核分裂がなくなるので、爆破力はぐんと落ちる。図29では完全な形での水素爆弾の爆発機構は次の三段階で構成されていた。

原子爆弾炸裂 ⟶ D-T核融合反応 ⟶ ウラン238による核分裂反応

しかしウラン238の部分を他の物質に置き換えると、爆発機構は次の二段階になる。

原子爆弾炸裂 ⟶ D-T核融合反応

結局、ウラン238の部分が取りはずされた形の水素爆弾が炸裂すると、爆破力はかなり衰えるが、D-T反応から発生する中性子、さらには下方の原爆から発生する中性子は、まだまだ相当な量である。これらの中性子が空中に撒き散らされる。

中性子爆弾は、水爆の起爆装置として働く原子爆弾の威力を最小限度になるようにしてある。こうして爆発力を弱くし、その代わりに大量の中性子を放出するようにすれば、建造物の破壊を最小限におさえ、生物体（人間）だけに大きな被害を与えるようにすることができる。中性子爆弾とはこのようなものだ。しかし中性子爆弾の詳しい構造は今のところ手に入らない。

レーザー水爆

水素爆弾では、核融合反応を引き起こさせる起爆装置として原子爆弾を用いるので、爆発すると核分裂から発生する放射線がまき散らされる。しかし現在、原子爆弾のかわりにレーザー光線を起爆剤として用いる水素爆弾が考えられている。レーザー光線の特徴は、狭い領域に多くのエネルギーが密集していることだ。つまりエネルギー密度が極めて高い。それがために医学にも応用されている。レーザー光線は水爆の点火装置に使える。

従来の水素爆弾には、天然に存在しない三重水素Tを作り出すために重水素化リチウムを燃料として用いた。しかしレーザー核融合には従来の重水素化リチウムは使わず、直接重水素Dと三重水素Tを混合固形化したものを燃料として使う。この燃料に四方八方からレーザー光線を照射し、一挙にDとTのプラズマガスを作り上げ、核融合反応を引き起こすのである。このレーザー水爆は放射線を出さないため、クリーン爆弾（！）とも呼ばれている。しかし、現在まだ実現されてはいない。

核融合発電

水素核融合反応から発生するエネルギーを使って、爆弾ではなく発電はできないものか？　原理的にはできる。ガスを高温にしていったん核融合が起こると、核融合自身から熱が発生する。その熱がさらに核融合を促進させ、次々と核融合が起こって核融合反応が持続する。持続する核融合からは次々と熱が発生するので、この熱で高圧の蒸気を作り、その蒸気でタービンを回し、その回転軸を発電機に繋いでやればいい。これが核融合発電である。

しかし、何しろ水素ガスに核融合反応を引き起こさせるためには、数億度ぐらいの温度にしなければならない。そんな温度に持ちこたえられる容器はこの世に存在しない。そのため高温プラズマガスを磁界中に閉じ込める方法が考えられた。しかしまだまだ技術的な問題が残っており、この原稿執筆時点では核融合発電は実現されていない。実現されたのは爆弾だけだ。

プラズマガスを磁界の中に閉じ込めておくには、まず、ドーナッツ形の真空容器の中に重水素と三重水素の混じったガスを閉じ込める。そのドーナッツ容器の周りに電線を巻いて電流を流すと、ガスの入っている容器の中に磁界が発生する。このガスに電流を流すと熱が発生して、ガスは電離（原子の軌道電子がもぎ取られる）され、重陽子（D）、三重陽子（T）と電子が離れ離れになってプラズマガスとなる。プラズマガスが電流となってドーナッツ容器の中をその円周に沿って走り出すと、その電流自身も独自の磁界を作る。そうすると磁界によって圧縮されたプラズマガスはドーナッツ容器の内壁から離れ、内壁とプラズマガスとの間に真空状態の隙間ができる。こうすればプラズマガスがドーナッツ容器の内壁に触れることはないので、容器が溶ける心配はないはずだ。

このような趣旨の下に考えられた「核融合炉」は「トカマク（TOKAMAK）」と呼ばれており、一九五〇年代に旧ソビエト連邦でアンドレイ・サハロフとイーゴリ・タムによって発明された。トカマク核融合炉は最も有望視されている核融合炉ではあるが、いまだに核融合発電は実現していない。最近ではトカマク核融合炉で温度が五億度まで上がったというニュースが入っているが、その持続時間は短く、まだまだ技術的な問題は残されている。またレーザー核融合発電の研究は日本では主に大阪大学で行われているが、これまた実用化への道はまだまだのようだ。

核融合発電と核分裂発電（いわゆる現在の原子力発電）を比較してみると、核融合発電は中性子は出るけれども原子力発電のように強い放射能を持つ大量の分裂片（核分裂生成物）は発生しない。したがって「放射性廃棄物」の処理問題は出てこない。この意味では核融合発電は「クリーン発電」ということになる。

核融合発電は筆者がまだ東京電機大学に在籍していた頃（一九六〇—六四）から有望視されていた。しかし〝有望視〟のままあまりにも長い時間が過ぎている。ただようやく最近になって核融合の「実験炉」の可能性が高まってきたようだ。実験炉が成功すればその次は「実用炉」という段階になる。核融合発電が現在の「核分裂原子力発電」に取って代わるのはいつのことだろうか。

N.D.C.429　222p　18cm
ISBN4-06-149700-6

講談社現代新書　1700

核《かく》兵《へい》器《き》のしくみ

二〇〇四年一月二〇日第一刷発行　二〇二四年五月七日第一〇刷発行

著者　山《やま》田《だ》克《かつ》哉《や》　

発行者　森田浩章
発行所　株式会社講談社
東京都文京区音羽二丁目一二―二一　郵便番号一一二―八〇〇一
電話　〇三―五三九五―三五二一　編集（現代新書）
〇三―五三九五―四四一五　販売
〇三―五三九五―三六一五　業務
装幀者　中島英樹
印刷所　株式会社ＫＰＳプロダクツ
製本所　株式会社ＫＰＳプロダクツ
定価はカバーに表示してあります　Printed in Japan

「講談社現代新書」の刊行にあたって

教養は万人が身をもって養い創造すべきものであって、一部の専門家の占有物として、ただ一方的に人々の手もとに配布され伝達されうるものではありません。

しかし、不幸にしてわが国の現状では、教養の重要な養いとなるべき書物は、ほとんど講壇からの天下りや単なる解説に終始し、知識技術を真剣に希求する青少年・学生・一般民衆の根本的な疑問や興味は、けっして十分に答えられ、解きほぐされ、手引きされることがありません。万人の内奥から発した真正の教養への芽ばえが、こうして放置され、むなしく滅びさる運命にゆだねられているのです。

このことは、中・高校だけで教育をおわる人々の成長をはばんでいるだけでなく、大学に進んだり、インテリと目されたりする人々の精神力の健康さえもむしばみ、わが国の文化の実質をまことに脆弱なものにしています。単なる博識以上の根強い思索力・判断力、および確かな技術にささえられた教養を必要とする日本の将来にとって、これは真剣に憂慮されなければならない事態であるといわなければなりません。

わたしたちの「講談社現代新書」は、この事態の克服を意図して計画されたものです。これによってわたしたちは、講壇からの天下りでもなく、単なる解説書でもない、もっぱら万人の魂に生ずる初発的かつ根本的な問題をとらえ、掘り起こし、手引きし、しかも最新の知識への展望を万人に確立させる書物を、新しく世の中に送り出したいと念願しています。

わたしたちは、創業以来民衆を対象とする啓蒙の仕事に専心してきた講談社にとって、これこそもっともふさわしい課題であり、伝統ある出版社としての義務でもあると考えているのです。

一九六四年四月　野間省一